少年读中华家训

立品

好品格好习惯的养成

严晓萍 编著　九堆漫画 绘图

北京理工大学出版社
BEIJING INSTITUTE OF TECHNOLOGY PRESS

版权专有　侵权必究

图书在版编目（CIP）数据

立品：好品格好习惯的养成 / 严晓萍编著；九堆漫画绘图 . -- 北京：北京理工大学出版社，2023.12
（少年读中华家训）
ISBN 978-7-5763-3067-0

Ⅰ．①立… Ⅱ．①严… ②九… Ⅲ．①家庭道德—中国—少儿读物 Ⅳ．① B823.1-49

中国国家版本馆 CIP 数据核字（2023）第 210708 号

责任编辑：李慧智　　　**文案编辑**：李慧智
责任校对：王雅静　　　**责任印制**：施胜娟

出版发行	/ 北京理工大学出版社有限责任公司
社　　址	/ 北京市丰台区四合庄路 6 号
邮　　编	/ 100070
电　　话	/（010）68944451（大众售后服务热线）
	（010）68912824（大众售后服务热线）
网　　址	/ http://www.bitpress.com.cn

版 印 次	/ 2023 年 12 月第 1 版第 1 次印刷
印　　刷	/ 三河市金元印装有限公司
开　　本	/ 710 mm × 1000 mm　1/16
印　　张	/ 9.5
字　　数	/ 130 千字
定　　价	/ 119.00 元（全 3 册）

图书出现印装质量问题，请拨打售后服务热线，负责调换

序

"勿以恶小而为之,勿以善小而不为。"

"一粥一饭,当思来之不易。"

"修身齐家,治国平天下。"

"勤俭当先,诗书第一。"

……

这些话,大多数都曾被我们的父母等长辈们用来教育我们,在潜移默化中影响着我们的所思、所行。这些话并不是长辈们信口开河,而是极具智慧的古人一代一代传承下来的经典家训。

所谓家训,是家族或家庭用于训诫、教育子弟后代的话,蕴含着丰富的中华传统文化思想,萃集了经各代先贤淬炼的哲理,其中很多内容至今仍是中国人修身、处世、治家、为学的珍贵宝典。还有很多名言佳句,在后世的家庭教育中被人们广为引用,起到了不可忽视的作用,亦被列入家训之列。

当我们在学习或生活中,遇到难题不敢去尝试,轻易就想放弃的时候，不妨想想清代彭端淑的话："天下事有难易乎？为之，则难者亦易矣；不为，则易者亦难矣。"他告诉我们世上无难事，只怕有心人，鼓励我们克服困难，大胆前行。

在与人相处的过程中，难免会因为误会或者矛盾而受到伤害，这时，我们可以看看曾国藩在《曾国藩家书》中的话："须从'恕'字痛下功夫，随时皆设身以处地。"他告诉我们要尝试宽恕别人的过失，不要因为一时冲动做出后悔莫及的事，随时站在别人的立场上考虑问题。

做人做事，要明白"君子和而不同，小人同而不和"的道理，与人和谐相处的同时，懂得坚持自己的原则。

对待父母，要懂得"孝当竭力，非徒养身。鸦有反哺之孝，羊知跪乳之恩"，尽心竭力地孝顺父母。

关于交友，《孔子家语》中说："与善人居，如入芝兰之室，久而不闻其香，即与之化矣；与不善人居，如入鲍鱼之肆，久而不闻其臭，亦与之化矣。是以君子必慎其所处者焉。"提醒我们选择朋友要慎重，远离品行恶劣的人。

古人在家风家训方面给我们留下了大量宝贵的精神财

富，比如西周时期有周公的《诫伯禽书》，三国时期有诸葛亮的《诫子书》《诫外甥书》，南北朝时期有颜之推的《颜氏家训》，宋代有朱熹的《朱子家训》，清代有朱柏庐的《朱子治家格言》、曾国藩的《曾国藩家书》，等等。还有《论语》《礼记》《弟子规》等，亦是适用于教育子孙后代的最佳"家训"。

"少年读中华家训"系列从这些经典的家训中精心遴选了105条，分为立品、立世、立志三个分册，都是与当今孩子的生活和成长息息相关的内容，力求培养孩子的好品格、好习惯，塑造孩子的高情商和社会能力，提升孩子的自主学习能力。每一条家训都以故事的形式进行阐释和解读，情节生动，语言简洁，让孩子们充分领悟到家训的精髓所在。另外，"古训今用"板块，将经典的古训与当今孩子的现实生活紧密联系，先提出孩子可能面临的问题，再结合家训的内容，以及实际情况，给出切实有效的指导方案。

一条条家训仿佛一颗颗历经了千百年风霜磨砺的明珠，

闪耀在我们的人生道路上,指引着我们前进的方向;又仿佛润物细无声的丝丝春雨,滋养我们的心灵,让我们在人生旅途上拥有披荆斩棘的力量。

今天,我们把这一颗颗明珠穿成珠串,把这一丝丝细雨织成雨帘,珍重地呈献在大家面前。希望孩子们能在课余时间,在几乎被电子产品填满的生活里,静下心来,聆听一下这些影响了一代又一代人的家训,感受一下中国传统文化的无穷魅力。

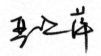

目录

皆宜以正直为先
/// 要做一个正直的人 1

听断之间,勿先恣其喜怒
/// 判断事情要公正,不能只凭个人喜好 5

凡做人,在心地
/// 要做一个心地善良的人 9

夫言行可覆,信之至也
/// 说话和行动要保持一致 13

须全副精神注在此一事
/// 做事要专心,且坚持不懈 17

恢弘志士之气,不宜妄自菲薄
/// 任何时候都不要小看自己 21

每著一衣,则悯蚕妇
/// 要懂得感恩别人的付出和帮助 25

临财毋苟得,临难毋苟免
/// 遇到危险时不要害怕、慌乱 29

宜自身出,斯可以了得
/// 要勇于承担责任,有责任感 33

过能改，归于无
/// 犯错了就要改正，不要想着逃避 ………… 37

勿以恶小而为之
/// 错误不分大小，要从小错开始杜绝 ………… 41

务要日日知非，日日改过
/// 要不断反思自己的过失，不断进步 ………… 45

毋任情，毋斗气
/// 不要因一时之气做损人不利己的事情 ………… 49

知有己不知有人
/// 做事情不能只想着对自己有好处 ………… 53

言无常信，行无常贞
/// 说话办事不能只考虑利益 ………… 57

巧伪不如拙诚
/// 敢于直面问题，不掩饰真实想法 ………… 61

善欲人见，不是真善
/// 做了好事，不要总想着炫耀 ………… 65

君子力如牛，不与牛争力
/// 越有能力的人，越不喜欢争强好胜 ………… 69

洁身自好，严于律己
/// 无论什么时候，都严格要求自己 73

慎独则心安
/// 做事情不是为了给别人看 77

勉人为善，谏人为恶
/// 劝谏别人的事情自己要先做到 81

闲谈莫论人非
/// 多反思自己的问题，不乱说别人的是非 85

用人不疑，疑人不用
/// 不要随便怀疑别人，要给予信任 89

行高人自重，不必其貌之高
/// 不要以貌取人，才华和品德最重要 93

失意事来，治之以忍
/// 不要被挫折或失意打败 97

总要从寒苦艰难中做起
/// 做任何事情都要不辞辛苦 101

不自是而露才
/// 不要做没有把握的事情 105

事勿忙，忙多错
/// 做事要有计划，不能慌乱 109

拟议而后动
/// 行动之前先想好策略 113

天下事有难易乎
/// 只要努力就没有难事 117

能勤能俭，永不贫贱
/// 不仅要节俭，还要勤劳 121

吾心独以俭素为美
/// 节俭是一种美德 125

自奉必须俭约
/// 养成节俭不浪费的好习惯 129

一粥一饭，当思来之不易
/// 珍惜拥有的东西，不浪费 133

黎明即起，洒扫庭除
/// 规律作息，养成良好的生活习惯 137

皆宜以正直为先

要做一个正直的人

教人治^①己，皆宜^②以正直为先^③。

——宋·王安石《洪范传》

▶▶ **注释**

① 治：管理。

② 宜：应当，应该。

③ 先：首先，优先。

▶▶ **译文**

无论教育别人，还是自我管理，都应当把正直摆在第一位。

割席的管宁

东汉末年，有两个年轻人，一个叫管宁，一个叫华歆，他们是一对非常要好的朋友。好到什么程度呢？同桌吃饭、同席读书、同榻睡觉，整天形影不离。

有一回，两人一起给他们种在院子里的蔬菜锄草。管宁一边拿着锄头锄草，一边默默地背诵学过的文章。突然，锄头发出当的一声，像是碰到了什么东西。管宁低头一看，居然是一块金子。

管宁毫不动心，避开金子继续往前除草。

不一会儿，跟在管宁身后的华歆也发现了金子。他大叫一声，捡起金子仔细地擦干净，又对着太阳仔细瞧，确定是真的金子。

"哇，我今天的运气真好。"华歆开心地把金子揣进怀里，"除草居然捡到金子，这回可以买好吃的解解馋了。"

管宁对华歆说："金银要靠自己的劳动获得，捡来的怎么可以当成自己的？我们要做有道德的人，不能不劳而获啊。"

华歆虽然不太赞同管宁的话，但也不好意思把金子揣走，只好拿出金子放到刚刚捡到的地方。

几天后，管宁和华歆坐同一张席子上读书时，从窗外传来一阵吹吹打打的喧闹声。原来是一位官员回来省亲，乡亲们敲锣打鼓，前呼后拥，好不热闹。

"我们去看看吧！"华歆坐不住了，想拉着管宁一块儿去看热闹。

管宁连眼皮都没抬，聚精会神地继续看书。

华歆跑到窗户边，一边向外张望，一边畅想道："原来官员回家这么壮观啊。真希望我们当官的时候，也是这样子。"

见管宁依旧埋头读书，没有搭理他，华歆放下书一个人跑出去看热闹了。

看着华歆跑远的背影，管宁想起前几天捡金子的事，觉得华歆和自己的志趣越来越不相投，不再适合做朋友了。

华歆终于看热闹回来了，一脸的兴奋。他刚想和管宁分享自己的所见所闻，就看见管宁从厨房拿出一把刀来，把两人读书时坐的席子从中间割裂开来。

"你这是干吗？"华歆不解地问。

"我希望做一个正直的人，不拿不属于自己的东西，不追逐虚浮的名利，靠自己踏实的努力去得到自己想要的东西。我们两个道不同不相为谋。从今往后，我们就像这割开的席子一样，不再是朋友了。"

好朋友犯了错误，却让你帮忙隐瞒，怎么办？

下课的时候，有个同学被撞倒了，你看到是好朋友撞的。好朋友说他不是故意的，让你帮忙隐瞒，不要说出实情。这时，你要保持"清醒"。

对人对事要公正

在判断是非的时候，不能因为对方是好朋友，就盲目地偏袒或者说假话。要做一个公平公正的人，否则就对其他人不公平了。

隐瞒错误就是放大错误

好朋友确实要互相帮助，但真正的帮助是让彼此成为更好的人，而隐瞒错误不仅会错过改正错误的时机，还可能造成更严重的后果。

听断之间，勿先恣其喜怒

判断事情要公正，不能只凭个人喜好

至于听断①之间，勿先恣②其喜怒。

——唐·李世民《诫皇属》

▶▶ 注释

① 听断：听取陈述来做判断。
② 恣：任凭。

▶▶ 译文

判断事情要客观、公正，不能因个人的喜好随意去判断。

弥子瑕之罪

  春秋时期，卫国有一个容貌英俊的男子名叫弥子瑕，深得卫国的国君卫灵公的青睐。弥子瑕在卫国可以说是要风得风，要雨得雨。除了卫灵公，弥子瑕从没把任何人放在眼里。

  一天半夜，弥子瑕突然接到母亲病重的消息，急切地想赶回家探望母亲，可是他府中的马都很普通，跑得不快。

  弥子瑕很快想到一个主意——假传卫灵公旨意："主君有旨，用他的马车送我回家处理急事。"

  在卫国，谁都知道弥子瑕是最受国君看重的人，管理卫灵公马车的官员不敢拒绝，就把马车借给了弥子瑕。

  然而，卫国有法令明文规定，私自使用国君的马车要受刖足之刑。

  有大臣对此非常不满，向卫灵公奏道："主君，请治弥子瑕的罪，以正朝纲！弥子瑕罪名有二：其一，假传国君旨意；其二，私自使用国君马车！"

  谁知，卫灵公感慨万分地说："弥子瑕真是一个大孝子，竟然冒着被刖去双足的危险去探望母亲。这是一段孝感动天的佳话呀！寡人怎么忍心让他受刑罚之苦呢？"

  又一日，春光明媚，卫灵公带着弥子瑕走进桃园。

  "真香啊！这桃子又大又红，一定很美味吧！"没等卫灵公开口，弥子瑕就从树上摘下一个大桃子，用袖子擦拭了一下，便大口吃起来。

  "这桃子果然名不虚传！主君请尝一口。"说着，弥子瑕将自己吃剩下的桃子递给卫灵公。

  卫灵公身边的随从都吓得脸色大变，不由得屏住了呼吸。没想到，卫灵公接过桃子，笑盈盈地说："弥子瑕对寡人真的是忠心耿耿，这样美味的桃子都不舍得吃完，非要留给我品尝。"

  一时高兴的卫灵公还重重赏赐了弥子瑕。

被卫灵公专宠的弥子瑕气焰越来越嚣张，行事越来越跋扈，还干预起卫国朝政来，卫国上下对其怨声载道。

卫灵公也渐渐意识到问题的严重性，再加上弥子瑕年纪增大容颜衰老，卫灵公对弥子瑕的信任和喜爱日益消减。

终于有一天，卫灵公忍无可忍："这个弥子瑕太可恶了，不仅假传旨意、把他吃剩下的桃子给寡人吃，还企图干预国家政事，简直就是欺君犯上，罪该万死！"

最后，卫灵公下令："来人，传寡人旨意，贬黜弥子瑕为庶民，驱逐出楚丘（卫国都城，今河南滑县），终身不得进入都城。"

老师让你挑选参赛人员，好朋友让你选他，怎么办？

演讲比赛，因为你年年是全校第一名，今年老师让你负责挑选其他参赛人员。好朋友也想参加，让你选他。这时，你需要秉公办事，公私分明。

对所有同学公正

比赛是一件严肃认真的事情，它代表着集体的荣誉。选拔参赛人员时，不能以个人的喜好或者关系的远近来判断，应该以能力作为唯一的评判标准。

帮助好朋友用实力获胜

不特殊对待好朋友的同时，可以以朋友的身份去帮助他，教他演讲的技巧，给好朋友真正展现实力的机会，这才是真正善待好朋友。

凡做人,在心地

要做一个心地善良的人

凡^①做人,在心地。心地好,是良士^②。

——明·王阳明《王阳明家训》

▶▶ **注释**

①凡:凡是。
②良士:贤良的人。

▶▶ **译文**

人与人的区别,主要在于心地的好坏,心地好的才是善良之人。

秦穆公亡马

秦穆公是春秋时期秦国非常有作为的国君。他年轻时非常喜欢马,只要是他看上的马,就会想方设法买到手,多少钱都舍得。

在秦宫的马厩里,有上百匹马,都是秦穆公从全国各地花重金买来的。其中,有几匹最受秦穆公喜爱。每天,只要有空,秦穆公就会到马厩里看看自己心爱的马。摸摸它们光滑油亮的毛,再亲手喂它们一顿美味的草料,他的心情就会特别舒畅。

有一天早上,秦穆公正在用餐时,一名负责养马的侍从跑过来汇报:"主君,那匹白色的马不见了,昨天晚上我看守的时候还在马厩里呢。"

秦穆公一听，心里一惊，当即跟着侍从跑到马厩去察看。果然，拴马的柱子上只留下半截缰绳。这是一匹特别烈性的马，秦穆公刚买回来没多久，还没有完全驯服呢。所以，秦穆公猜想，应该是马自己挣脱缰绳跑掉的。

　　秦穆公赶紧带着几个侍卫沿着白马留下的足迹，一路追踪。他们一直来到一座山谷，因为地上都是石子，马的蹄印消失了。这时，从不远处传出很多人说话的声音。因为石子路不方便骑马，秦穆公和侍卫便跳下马，循声走了过去。随着越走越近，一阵阵肉香飘了过来。秦穆公顿时有种不好的预感，赶紧冲上前去，只见一群山民正在烤肉，而烤架的旁边放着一堆白色的皮毛。很明显，那是马的皮毛。

　　"我的马啊！"秦穆公一声惊呼，朝马毛奔过去。

　　正在烤肉的山民惊恐地站了起来，看着秦穆公和他身后的侍卫不知所措。

　　不过很快，秦穆公的脸上便恢复了平静。他笑着对山民说："你们别紧张，

我听说吃马肉时不喝酒,对人的身体不好。"说完又让人赏赐山民美酒。杀了骏马的山民们个个非常羞愧。

一年后,秦国和晋国爆发了一场激烈的战争。由于秦军的战斗力比不过晋军,被晋军打得毫无还手之力。秦穆公乘坐的战车被晋军团团围住,眼看着秦穆公就要被俘获。就在这千钧一发之际,一支不知从哪里冲出来的队伍呐喊着杀入重围,一下子打乱了晋军的节奏,不仅救了秦穆公,还让秦军抓住时机一举击溃了晋军。

战争结束后,秦穆公召见那支赶来救援的奇兵首领,问:"你们从哪里来?为何会帮助我呢?"

奇兵首领向秦穆公深深作揖,答道:"我们就是杀了您的骏马烤了吃的山民。"

上学的路上,碰到一个迷路的小孩,怎么办?

早上,眼看上学要迟到了,你向学校飞奔时,碰到一个迷路的小朋友。你担心迟到,又不忍心不管他。这时,你有两个选择。

选择一:把小孩带到学校,让大人帮忙

你可以把小朋友领到学校,然后让门卫叔叔或者老师帮忙联络小孩的家长,或者报警处理,既避免了迟到,又帮助了小朋友。

选择二:把情况反馈给学校的老师

如果小朋友不愿意跟你去学校,就让他待在原地不要乱跑。你到学校后第一时间把这一情况反馈给老师,让老师帮忙处理这件事。

夫言行可覆，信之至也

说话和行动要保持一致

夫言行可覆①，信②之至③也；推④美⑤引过，德之至也。

——三国·王祥《训子孙遗令》

▶▶ **注释**

①覆：通"复"，复核、考核。

②信：诚信。

③至：极致，顶点。

④推：推让，谦让。

⑤美：美名。

▶▶ **译文**

说话、做事能经得起考察核实，言行一致，这是诚信的最高境界。把美好的名声让给别人，自己甘愿承担过失，这是德行的最高境界。

宋濂借书

宋濂是元末明初著名政治家、文学家、史学家、思想家，被明太祖朱元璋誉为"开国文臣之首"。

宋濂从小就喜欢读书，但因为家境贫寒，买不起很多书，所以家里的书根本不够读的。宋濂知道，以家里的条件能保证基本温饱就不错了，不会有多余的钱给他买书。

宋濂想起村子里有位藏书家，家里有很多书。思来想去，他打算去向这位藏书家借书。

宋濂来到藏书家的家门口，礼貌地敲门。开门的正是藏书家本人，他看到站在门口的宋濂并不认识，好奇地问："你找谁？"

"找您——"宋濂不好意思地开口道，"我想向您借书。我很喜欢读书，您放心，我一定会准时归还您的书。"他的小脸涨得通红，紧张地看着藏书家，生怕被拒绝。

藏书家也是个爱读书之人，很理解宋濂想读书的心情。于是，他把宋濂带进书房，让宋濂自己去挑选要借的书，并和宋濂约定：一要爱惜书籍，不能乱涂乱画；二要按时归还，还了可以再借。

宋濂万分感激，当即表示：一定遵守约定。借到心爱的书后，宋濂一回到家就废寝忘食地看了起来。在约定还书的那天一大早，宋濂就跑去还书了。书保管得平平整整，一点儿脏的坏的地方都没有，藏书家很满意，更加愿意借书给宋濂了。从此，宋濂隔三岔五地去借书，每次都严格遵守约定，藏书家越发喜欢这个酷爱读书的少年。

冬日的夜晚，宋濂照旧在灯下看书。这本书写得太好了，宋濂已经读了三遍，还是爱不释手。于是，他决心把书抄下来，但是留给他的时间不多了，因为约好第二天上午要还书的。

宋濂赶紧拿出纸墨笔砚，开始磨墨抄书。这时的天气很冷，屋里的炭火

又不足，宋濂冻得手都有点儿僵硬了，只能一边呵着气一边抄书。呵气声惊动了母亲，母亲看见宋濂还没睡，便劝道："这么晚了，先睡吧，明天再抄。外面下雪呢，人家不一定着急看这本书，晚一天还也不要紧。"

宋濂没有停下抄书的动作，回答道："说好到期就还，这是信用问题，如果做不到言而有信，下回别人就不借给我书了。"

母亲知道劝不动宋濂，摇摇头走了，而宋濂整整抄了一夜的书才抄完。他见天已经亮了，顾不上满身的疲惫，没吃早饭，就冒着严寒还书去了。

你答应好朋友送他一套文具，结果忘记了，怎么办？

你答应好朋友在他过生日时送他一套文具。结果好朋友生日那天你彻底忘记了这件事，好朋友表示很伤心。这时，你需要两个"弥补"。

弥补一：真诚地表达歉意

做人除了诚信，还要言行一致，答应别人的事情，要尽可能去做到。如果因为困难做不到或者忘记去做，要第一时间表达你的歉意，让对方感受到你的诚意。

弥补二：商议解决方案

可以积极主动地跟好朋友商议，是否还想要这份礼物，或者换成其他的礼物。确定后，第一时间兑现承诺，避免再次出现失信的情况。

须全副精神注在此一事

做事要专心，且坚持不懈

凡①人做一事，便须全副精神注②在此一事，首尾不懈③，不可见异思迁④。

——清·曾国藩《曾国藩家书》

▶▶ 注释

① 凡：但凡。
② 注：关注。
③ 懈：松弛，松散。
④ 见异思迁：看到不同的事物就改变主意。指意志不坚定，喜好不专一。

▶▶ 译文

但凡做一件事，就必须把全部的精力放在这件事情上，而且要持之以恒，坚持到底，不能意志不坚定，半途而废。

下棋的弟子们

弈秋是春秋时期鲁国人，也是鲁国下围棋最厉害的棋手，很多人慕名前来跟他学棋。

有一回，名字叫东木和西木的两个年轻人找到弈秋，想要拜他为师。弈秋见他们态度诚恳，便收下了他们。学棋之前，弈秋叮嘱道："要想学好棋艺，一定要认真听讲、刻苦练习才行。"

两个弟子连连点头，应道："弟子谨遵教诲。"

学棋第一步，背棋谱。刚开始，东木和西木都背得非常认真。尤其是东木，双目微闭，嘴里念念有词，手指还在桌面上比画着。而西木呢，起初也是有模有样地背着，可没多一会儿，他就被窗外飞来飞去的蝴蝶吸引了目光。弈秋故意从他身边走过，他才回过神来。但很快，西木又坐不住了，问弈秋："老师，什么时候吃早饭啊？"

弈秋一瞪眼："专心背书，时间到了会喊你的。"

吃完早饭，弈秋拿出棋谱，正式开始讲棋了。东木听讲的时候也是异常认真，很快就把老师讲的和早上背的棋谱结合了起来，有不明白的地方，也会积极地向弈秋请教。弈秋不由得暗暗点头。

西木上课的时候，依旧东张西望，老师说的话，听一半漏一半。正巧此时空中飞过一群天鹅，他望着空中的天鹅，脑子里开始想象自己弯弓射天鹅的动作，心里暗想：弓不能拉得太满，因为天鹅飞得不是太高，不然要射空的。

弈秋把一颗棋子重重地落在棋盘上，啪——，正想着射天鹅的西木吓了一跳，赶紧收回心思，开始听老师讲课。他觉得老师讲得太浅显了，这些技法他早就会，回头看看东木，居然听得那么认真。

西木心想：这么简单的东西，他竟然还费心学习，看来棋艺比不上我呀！

这么想着，西木继续仰头琢磨天鹅的事：要是能射下一只天鹅就好了。天鹅肉怎么做好吃呢？想起家中老母亲做的红烧鸭子，太美味了！不知道天

鹅肉是不是也这么美味。想到这儿，西木忍不住咽了下口水。

弈秋提醒了几次，见西木始终在神游的状态，无奈地摇了摇头。

从此，弈秋依然认真传授棋艺给两个弟子。但随着时间的推移，整天三心二意的西木明显进步很小，顶多算得上下棋爱好者。而一直专心学习的东木，棋艺突飞猛进，大有超越老师的架势，最后当然成了有名的棋手。

上课的时候，你老忍不住看窗外，怎么办？

你的座位靠近窗户，一转头就能看到操场。上课的时候，你听一会儿课就忍不住看看操场上的情况，因此总被老师提醒。这时，你可以尝试两个方法。

方法一：主观上训练专注力

上课注意力不集中主要是听觉注意力的问题，可以买一些这方面的训练手册，从五分钟、十分钟开始训练，一点点提升自己的注意力。

方法二：调换座位，远离诱惑

可以跟老师说明情况，把座位调到远离窗户的位置，从客观上规避走神的因素，当然，也要避免其他可能引起你走神的东西在课桌上出现。

恢弘志士之气，不宜妄自菲薄

任何时候都不要小看自己

恢弘①志士之气，不宜妄②自菲薄③。

——三国·诸葛亮《出师表》

▶▶ 注释

①恢弘：发扬，弘扬。

②妄：胡乱地，不合理地。

③菲薄：轻视，看不起。

▶▶ 译文

弘扬志士的气概，不应该轻易地看轻自己。

晏婴出使楚国

晏婴是春秋时期齐国人,曾辅助齐灵公、齐庄公、齐景公三任君王,是非常厉害的政治家和外交家。他忧国忧民,敢于直谏,在各诸侯国和百姓中享有极高的声誉。

晏婴是个矮个子,据说"长不满六尺",大约有一米四。但是他从来没有因为自己的身高自卑,而是凭借聪明才智,被人尊称为"晏子"。

有一回,晏婴代表齐王出使楚国。楚王知道晏婴个子矮,就想要弄一下他,特命人在楚国城墙正大门的边上凿了一扇又窄又矮的边门。这扇边门正常身高的人得低头弯腰才能进入,而以晏子的身高,出入就很轻松了。

晏婴一行来到了楚国,见楚国的城门紧闭着,只有一个负责接待的大臣带着几名随从在等待。晏婴表明身份后,楚国大臣并没有命人打开大门,而是用手指向一边的边门,傲慢地说道:"请您从这里进入吧!"

"你——"晏婴的随从一看,非常气愤,正想上前理论,被晏婴制止了。

晏婴摇了摇头,笑着问楚国大臣:"今天难道我到的是狗国吗?因为只有狗国才走狗门啊。但是你明明是楚国大臣啊,怎么会让人走狗门呢?难道——"

晏婴没有接着往下说,但一旁围观的人却听得明明白白,晏婴这是在说楚国大臣是狗呢。

楚国大臣当然也听明白了晏婴的话,羞得满脸通红,赶紧吩咐道:"还不快打开城门,请晏大夫入城!"

晏婴昂首挺胸地从正大门进入了楚国,在大臣的引领下,又一路来到了楚国的王宫。晏婴按照使臣的礼节拜见了楚王。

楚王听说了城门前发生的事,打算好好羞辱晏婴一番。于是,一见晏婴,楚王就故作惊讶地说:"晏大夫,你们齐国没有别人了吗?怎么派你来我们楚国呢?"

晏婴知道楚王在嘲笑他的身高,但一点儿也不生气,反而笑眯眯地看着楚王,说:"大王,您错了。齐国的人很多,不信您看看我们齐国大街上的人,川流不息。之所以派我来楚国,是因为我们齐国派使节出使各国是有规定的,不同的使节派往不同的国家。比如那些精明能干的人,会被派到那些品德高尚的国家;而像我这种无德无才的人,就只能被派到那些道德恶劣的国家。"

晏婴仅仅用了这一番话,就让楚王再也不敢小瞧他了。楚王赶紧岔开话题,请晏婴入座,讨论两国之间的国事。

作为篮球队替补人员,你老担心拖后腿,怎么办?

你是篮球队的替补人员,比赛头一天,一名正式球员因伤退赛,你需要替补上场。你很担心自己的技术不行,拖球队后腿。这时,你需要给自己打打气。

全力以赴,创造好成绩

比赛过程中存在很多突发情况,技术好可能临场发挥不好,技术不好反而可能有爆发的表现。所以要相信自己,只要全力以赴,就可能创造好成绩。

摆正心态,自如应对

比赛的时候,心态很重要,太急于求成往往更容易出错。不如放平心态,坦然对待胜负,反而能够自如应对,更有利于稳定发挥。

每著一衣，则悯蚕妇

要懂得感恩别人的付出和帮助

每著^①一衣，则悯^②蚕妇；每餐一食，则念耕夫^③。

——唐·李世民《诫皇属》

▶▶ **注释**

① 著（zhuó）：通"着"，穿上。

② 悯：同情，怜恤。

③ 耕夫：农民。

▶▶ **译文**

穿每一件衣服，都要感恩那些靠养蚕卖丝为生的人。吃每一顿饭，都要感恩种粮食的农民。

不忘漂母之恩

韩信是西汉的开国功臣,因善于用兵而被后人奉为"兵仙""战神"。但年轻时的韩信十分落魄。他的家乡在淮阴,因出身低微,没有人推荐他做官,他又不懂得做生意之道,只能靠别人帮助度日。刚开始,邻居们还很同情韩信,从不拒绝他上门蹭饭,可时间一长,原本就不富裕的邻居们开始讨厌他了。

有一回,韩信又去一户人家蹭饭。他进门一看,桌子上干干净净的,不像要吃饭的样子。

韩信不解地问:"今天饭还没做好?"

女主人冷冷地回答:"我们已经吃好了。"

韩信觉得自尊受到了伤害,扭头就走,一边走,一边生气地说:"我再也不来你们家吃饭了。"

韩信发誓不再去别人家蹭饭了,可是总饿肚子也不是办法,总得解决吃饭的问题才行。他想起村外有条小河,经常看见有人在那儿钓鱼。于是,韩信从家里找出鱼钩、钓竿等,来到了小河边,开始耐心地钓鱼。结果整整一天,韩信连一条鱼都没有钓到。又累又饿的韩信,无力地躺在河边,一动也不想动了。

韩信钓鱼的时候,不远处有一位老妇人一直在漂洗衣物。她也认识韩信,见韩信一整天都没有任何收获,也没吃一点儿东西,便从家里带来一个冷饭团,递给韩信说:"吃吧,吃饱了有力气了,才能钓到大鱼。"

韩信看见饭团眼睛发亮,抓起就往嘴里塞。虽然饭团是冷的,但韩信觉得这是世界上最美味的食物。

接下来的十多天里,韩信每天都来河边钓鱼,几乎每次都一无所获,靠着漂母送给他的饭团度日。

一天,韩信再一次从漂母手中接过饭团,他感激地许诺:"感谢妈妈给我饭团,真是救命之恩啊!日后我若发达了,一定送您千金,以报一饭之恩。"

漂母很生气，骂他道："堂堂七尺男儿，不能耕地，不能经商，沦落到在河边挨饿。我是看你可怜才给你饭团，你以为我是为了让你报答吗？"

韩信听了羞愧异常。他想：再也不能这样浑浑噩噩过日子了。于是，韩信离开了家乡，像很多年轻人一样，加入起义的大军。

很多年后，韩信凭借出色的军事才能辅佐刘邦登上帝位，而他也成了万人瞩目的淮阴侯。韩信没有忘记当年的饭团之恩，特地找到漂母，送她千金。虽然漂母拒绝了韩信的千金，但她对韩信这份无私的恩情却成为一段佳话。

同学曾帮助过你，现在需要你的帮忙，你会怎么办？

你生病的时候，同学把他的课堂笔记借给你用。现在，他的英语成绩落后了，想让你帮忙补习，你觉得太耽误自己的时间。这时，你需要秉持两种"心态"。

知恩图报的心态

对于别人给予的帮助，你应该秉持感恩的心态，同时尽己所能地给予回报。当然，回报也要量力而行，没必要逞能做自己做不到的事情。

帮助别人也是提升自己

不要觉得帮助别人是浪费时间，尤其在学习上，你在给人讲解的时候，相当于自己又巩固复习了一遍，还能及时发现自己的不足，何乐而不为呢？

临财毋苟得，临难毋苟免

遇到危险时不要害怕、慌乱

临财毋①苟②得，临难毋苟免③。很④毋求胜，分毋求多。

——汉·戴圣《礼记》

▶▶ 注释

①毋：同"勿"，不。
②苟：随便。
③免：避免。
④很：争吵，争执。

▶▶ 译文

面对钱财，不随便求取；面临危难，不因害怕而退缩。争执时，不要只想着胜过别人；分财产时，不能只想着自己多分。

勇敢的荀灌

东晋时期,襄阳城的地方官叫荀崧,他有一个女儿,名叫荀灌,这一年十三岁。

别看荀灌是个女孩,却喜欢舞枪弄棒,武艺高超。她也喜欢读书,对于很多问题都有自己独到的见解,并且时不时和父亲探讨。

荀崧对于女儿的成长一面很欣慰,一面又忍不住感慨:"可惜灌儿是个女孩,要是个男孩子,肯定能成为栋梁之材。"

有一天,守城的将士紧急来报:"大人,襄阳城被敌人杜曾的军队包围了。"

荀崧仔细盘算了一番,觉得城内的兵力根本无法与敌军抗衡,于是下令关起城门死守。这一守就是半个月,眼看着打仗用的箭快用光了,粮食也吃得见了底,老百姓守城的决心开始动摇了。

一边是城外攻城的敌人众多,一边是城内军需粮草匮乏,荀崧唯一能想到的办法就是,派人送信给好朋友石览将军,让他带兵前来解围。

但是,整座城早已被敌军围得水泄不通,怎么把信送出去呢?又派谁去呢?一时无计可施的荀崧愁得吃不好睡不好。

就在这时,荀灌主动请求道:"父亲,把信给我吧,我一定能送出去。"

荀崧拒绝道:"不行,你小小年纪,还是个女孩子,让你去送信不是白白送死吗?"

荀灌劝道:"父亲,如果我不去送信,没人救我们,城门早晚会被攻破,到时候大家只有死路一条。而我去送信,万一成功了,我们就有救兵了,全城百姓都能活命。反正都是冒着生命的危险,您为什么不让我帮忙去寻找活命的机会呢?父亲,没有时间犹豫了,您快让我去吧!"

万般无奈之下，荀崧只好答应了荀灌的请求。这天深夜，四周漆黑一片，荀灌在几名勇士的陪同下来到城墙上。勇士们故意大喊大叫，把敌人吸引过去，然后荀灌趁机从城墙的另一面溜了下去。一到城下，她就骑上早已准备好的马匹朝一条僻静的山路飞奔而去。

　　荀灌快马加鞭日夜兼程地赶往石览将军带兵驻扎的营地，终于在第三日安全抵达。当石览将军从荀灌手里接过求救信时，惊讶得说不出话来，想不到送信的竟然是一个小女孩。

　　很快，石览将军整顿好军队，带着大军前往襄阳城，与城内的军民里应外合，最终逼退了敌军。襄阳城的危机终于解除了！

　　城门大开，老百姓欢天喜地地站在街道两旁，欢迎他们勇敢又机智的少年女英雄荀灌。

放学的路上，遇到有同学被几个人欺负，怎么办？

　　放学回家的路上，你看到同班的一个同学被几个高年级的男生围住，索要钱财。他们并没有看到你的出现。这时，你需要两个"冷静"。

冷静一：不要盲目地冲上前去

　　这个时候，你的同学一定很需要外界的帮助，但你首先要保证自己的安全，才能更好地帮助他，所以要把自己隐藏好，冷静地想办法。

冷静二：不要因害怕见死不救

　　这时决不能与对方正面冲突，更不能因为害怕而无视同学的困难。可以先让自己远离危险，然后去求助家长或老师，避免更大的危害发生。

宜自身出，斯可以了得

要勇于承担责任，有责任感

凡有必①不可已的事，即宜自身出，斯可以了得②。躲不出，斯人视为懦，受欺受诈，不可胜言③矣。

——明·姚舜牧《姚氏家训》

注释

①必：必然。

②了得：解决。

③不可胜言：说不尽。形容非常多或达到极点。胜，尽。

译文

如果遇到不能回避的事情，就应当挺身而出，承担起责任，才能让问题得以解决。如果一味逃避，就会被人视为懦弱，那么，被欺负和讹诈的事情就会没完没了。

自我惩罚的曹操

东汉末年,曹操作为丞相常常带兵打仗。曹操军队的军纪十分严明,军队的战斗力也非常强。

那时中原一带由于常年战乱,田地荒芜。曹操听取了部将的建议,实行屯田制,招募了很多流民前来种田。同时,士兵在不打仗的时候,也要种田。就这样,不到一年时间,荒芜的土地都被充分利用了起来,不仅当地老百姓安居乐业,军队也有了充足的粮食。

粮食多了,就有士兵开始浪费。有的士兵还骑着马在麦田里溜达,把好好的秧苗都踩踏了。老百姓看着心疼,就把这件事告诉了曹操。

曹操一听,非常气愤,下了一道命令:"不许骑马进入麦田踩坏庄稼,违令者斩。"

自从这道命令下达后,再也没有人敢随意践踏庄稼了。大家路过麦田的时候,都小心翼翼,唯恐一不小心就被砍了头。

五月份的一天,曹操骑马外出。一路上,看着大片金灿灿的麦田,曹操顿觉心旷神怡,不由得勒住马的缰绳,放慢了行进的速度。

就在曹操悠然自得地欣赏着丰收的美景时,突然,从路边飞起几只野鸡。马儿受到惊吓,直接冲向麦田。曹操回过神来,紧紧拉住缰绳,想要阻止马儿踩踏麦田,却为时已晚。麦田在马蹄的践踏下,已经倒下去了一大片。

后面的随从被这突如其来的变故吓了一跳,不由得惊呼起来:"快拉住马,马跑进麦田啦!"

马被大家这一喊,更加慌乱了,在麦田里疯跑起来。曹操费了很大的劲儿才将马制服,带出了麦田。

随从们这时才发现,刚才进入麦田的居然是丞相的马,惊得下巴都要掉下来了。

曹操平静地跳下马,让人喊来执行官,说道:"天子犯法,与庶民同罪。

今天我违背了自己颁布的命令,你就按照军法治我的罪吧!"

执行官有点儿不知所措,想了想说:"丞相,您是全军的统帅,如果把您治罪了,那谁来指挥军队打仗呢?"

众将官也围过来劝说。曹操想了想执行官的话,觉得确实有道理,便说道:"作为全军的统帅,我还有重要职责在身,因此无法按令处置。但是,我的确违反军规了,所谓'身体发肤,受之父母',就用头发来代替首级吧。"说完,曹操拔出宝剑,割下一绺头发,以示惩戒。

父母临时有事,没人接送弟弟,怎么办?

爸爸临时有急事出差,妈妈公司又有重要会议,没办法接送在幼儿园上学的弟弟,让你帮忙,可你怕自己完成不好。这时,你需要两个"转变"。

心态上的转变

作为家里的一员,你有义务去做一些力所能及的事情。在这个时候,你应该承担起作为哥哥(姐姐)的责任,代父母把弟弟接回家。相信自己,你可以做到的。

行为上的转变

接送弟弟的路上,你要比平时更加注意安全。如果可以,最好约上相熟的邻居一起出行,然后提前几分钟出门,这样既安全又不会忙中出错。

过能改，归于无

犯错了就要改正，不要想着逃避

过①能改，归于无。倘②掩饰③，增一辜④。

——清·李毓秀《弟子规》

▶▶ 注释

①过：过错。
②倘：假如。
③掩饰：掩盖。
④辜：过错。

▶▶ 译文

　　有了过错能够改正，就相当于没有过错。但是，如果不但不认错，还要去掩饰，那就是错上加错了。

司马光吃核桃

司马光是北宋著名的政治家、思想家和文学家。

司马光小时候不仅聪明还很好学,在大人眼里是非常优秀的孩子,很招人喜爱。

在司马光六七岁的时候,有一天,一位来自乡下的客人给司马光家送了新摘的核桃,核桃外面还有一层厚厚的青皮。司马光和姐姐费了好大的劲儿,把手都弄疼了,才把核桃外面的青皮去掉。

司马光又跑到一旁找来一块不大不小的石头,把它递给姐姐,说道:"姐姐,快帮我把核桃敲开。"

哐哐哐,姐姐用力地砸着核桃,鲜嫩的核桃仁终于露了出来。司马光没有急着去吃核桃肉,因为核桃肉上面还有一层薄薄的膜,如果不把它弄掉的话,吃起来就会又涩又苦。

"吃个核桃可真麻烦。"姐姐试着用指甲刮了刮,结果把核桃肉都给刮烂了,看着完全没有了食欲。姐姐把核桃肉往司马光手里一放,烦躁地说:"我不弄了,你想吃自己弄吧!"说完,姐姐就跑开了。

司马光捧着核桃肉,不知所措地站在原地。这时,一个侍女走了过来,看见司马光手里的核桃,问:"是不是想吃核桃肉却去不掉薄皮呀?"

司马光使劲儿点点头。侍女说:"这个简单。你把带皮的核桃肉放进碗里,用开水泡一会儿,皮就下来了。"

司马光来到厨房,按照侍女说的方法一试,果然好用。他别提多开心了,又弄了好多核桃肉泡进了碗里,然后抱着小碗一路走一路吃。

姐姐见司马光这么灵巧地剥着核桃肉上的薄膜,好奇地问:"谁教你的办法啊?这个办法太好了!"

司马光得意地回答:"这么简单的办法,当然是我自己想出来的。"

这时,父亲走了过来。其实,刚才司马光向侍女求助的过程,他都看到了。

见司马光对姐姐撒谎，父亲生气地说道："你小小年纪，怎么能撒谎呢？"

司马光的脸顿时红了，低着头说："对不起，父亲，这个办法确实不是我想出来的，我错了。"

父亲看着他，语重心长地说道："做人最重要的是诚实。当然，谁都会犯错误，知错能改就好，希望你以后不要再犯同样的错误了。"

司马光羞愧地点点头。

你不小心弄坏了图书馆里的书，害怕被罚款，怎么办？

在图书馆看书的时候，你不小心把书里的一页弄坏了，此时旁边并没有管理员，你很怕被罚款，想着要不要偷偷离开。这时，你需要有两个正确的认识。

认识一：犯错不要想着逃避

犯错并不可怕，因为每个人都会犯错。犯了错不要想着去隐瞒或逃避犯错所带来的责任，真相迟早会被发现，到时不仅要承担相应责罚，还会让自己成为失信之人。

认识二：要勇于承担责任和后果

不管是有意还是无意，弄坏了公共的东西，首先要主动去道歉，表达你的态度。如果需要赔偿，可以用自己的零用钱抵扣，也可以与家长商议办法。

勿以恶小而为之

错误不分大小，要从小错开始杜绝

勿①以恶小而为②之，勿以善小而不为。

——三国·刘备《敕后主辞》

>> 注释

①勿：不要。
②为：做。

>> 译文

不要因为坏事很小就去做，不要因为好事不大就不去做。

一枚铜板毁前程

清朝的时候,有一个叫吴生的秀才,因为父亲是国子监助教(一种官名),所以一直跟随父亲在京城生活。

有一回,吴生路过延寿寺街时,看到街上有一家书店,便走了进去。他随意地翻着书,不知不觉来到一位书生旁边。书生看中了一套《吕氏春秋》,付款时把口袋里的铜板全都倒了出来,一枚枚数着。在数的过程中,有一枚铜板滚落到地上,一直滚到了吴生的脚下。

吴生见铜板滚了过来,赶紧抬头去看书生。此时书生正忙着与店伙计算账,完全没注意到这枚铜板。吴生赶紧用脚踩住铜板,然后若无其事地站在原地假装看书。

直到书生走出书店,吴生才放下心来。他向四下看了看,见没有人,便蹲下身子把铜板捡了起来,装进口袋。

这时候,一位老先生走了过来,一边翻书,一边很随意地问道:"小伙子,你叫什么名字啊?一看就是爱看书之人。"

吴生刚刚白捡了铜板,现在又被老先生夸爱看书,心里顿时美滋滋的,于是恭敬地答道:"学生我叫吴生。"

"吴生,嗯,好名字。"老先生若有所思地喃喃道,然后走出了书店。

这件事吴生很快就忘在了脑后,几年后,他以上舍生的身份进入誊录馆。很快,他通过了面试,被任命为江苏常熟的县尉。

按照惯例,在上任前,吴生拿着名帖去拜见他的上级——江苏巡抚汤潜庵。只要走完这个流程,他就可以走马上任,正式成为一名吃皇粮的官员。

令吴生没想到的是,他第一次去汤府就吃了闭门羹。

门人说:"汤大人今日有事,不接见任何人。"

吴生只好回去,第二日再来拜访,结果又被拒之门外。就这样,吴生一连跑了十趟,汤大人就是不接见他。

吴生百思不得其解，向汤府的门人询问缘由。门人回复说："汤大人说了，你不必去上任了，他已经上书皇上弹劾你了，因为你太贪心了。"

吴生更加不解地问："我与汤大人素昧平生，而且我还没上任，汤大人如何认定我是贪心之人呢？"

门人回道："你还记得延寿寺街的书店吗？汤大人说，你连一枚铜板都贪，今后到了地方上，那么多皇粮官银，怎么可能不中饱私囊？与其到时候被百姓当贪官骂，你不如放弃上任早点儿回家吧！"

吴生一听，羞得扭头就走，心里对于曾经的贪念后悔不已。

你捡到一块好看的橡皮，不想还给失主，怎么办？

你在教室里捡到了一块橡皮，非常好看，你很喜欢。你觉得只是一块小小的橡皮而已，没必要归还，想自己留下使用。这时，你需要按照以下两个步骤去做。

步骤一：改正错误的认知

不是自己的东西，无论值钱与否，你都没有权利留下它。一个个小的错误，不及时改正，积累得多了，时间长了，很可能变成无法挽救的大错误。

步骤二：积极归还失物

对于捡到的东西，你可以积极去寻找失主，如果实在喜欢，可以问失主购买途径自己购买；也可以交给老师，让老师来处理。

务要日日知非，日日改过

要不断反思自己的过失，不断进步

务①要日日知非②，日日改过；一日不知非，即一日安于自是③；一日无过可改，即一日无步可进。

——明·袁了凡《了凡四训》

▶▶ 注释

① 务：一定。
② 非：过失。
③ 自是：自以为是。

▶▶ 译文

一定要每天反省自己的过失，每天改正过失。一天不反省自己的过失，就是一天让自己处于自以为是、自我满足的状态；一天没有改正过失，一天就没有进步。

我和徐公谁美

邹忌是战国时期齐国的相国,身材高大,容貌英俊,仪表堂堂,绝对是美男子一个。

一天早晨,邹忌穿戴完毕,对着镜子端详自己:浓眉大眼炯炯有神,笔挺的鼻梁、宽厚的嘴唇,怎么看都很美。他忍不住回头问妻子:"都说城北徐公是美男子,那我与城北的徐公比,谁更美呢?"

正在准备早餐的妻子听到问话,回头看了一眼邹忌,笑吟吟地回答:"当然是夫君最美,徐公怎能比得上您呢?"

城北的徐公是全城公认的美男子。邹忌听妻子说自己比徐公美,虽然心里很高兴,但不是很相信。于是,他又叫来一个侍女。

"你说,我和城北徐公比,谁美?"邹忌问。

侍女只看了邹忌一眼,就赶紧低下头,回答道:"当然是大人美啊,徐公怎么可以和您比呢?"

邹忌心中窃喜,但还是有些不自信。正巧,第二天有客人来拜访邹忌。

邹忌忍不住问客人:"你觉得,我和城北徐公比,谁更美呢?"

"当然是您更美啊。"客人边说边向邹忌竖起了大拇指,"徐公比不上您。"

这回,邹忌彻底相信自己比徐公美了,心里美滋滋的。

又过了一天,徐公居然前来拜访邹忌。这是他们第一次见面,只见徐公有着玉树临风的身姿、光洁白皙的脸庞,乌黑深邃的眼眸泛着迷人的光泽。徐公只是对着邹忌一笑,邹忌就明白了:第一美男子不是自己,是徐公。

晚上,邹忌躺在床上想:为什么妻子、侍女和客人都说我比徐公美呢?难道他们分不清美丑吗?思来想去,邹忌终于明白了:原来,妻子说我美,是因为偏爱我;侍女说我美,是因为惧怕我;而客人说我美,是因为有求于我啊。

明白了这个道理的邹忌,第二天去拜见齐威王,讲了自己与徐公比美

的事情，最后说道："您作为一国之君，宫中的嫔妃和近臣没有不偏爱您的，朝中的大臣没有不畏惧您的，全国的老百姓没有不有求于您的，如果您不能时刻保持清醒，广泛征求意见，及时发现并改正问题，很可能陷入偏听偏信的困局，那么齐国就危险了！"

在邹忌劝谏下，齐威王悬赏纳谏，鼓励大家指出国君的过失。渐渐地，齐国的政治日益清明，国力也越发强盛起来。

老师经常夸你，同学却不喜欢你，怎么办？

你学习好，上课认真听讲，也不调皮捣蛋，老师经常夸你优秀，还让同学们向你学习。可是，同学们却不喜欢跟你玩。这时，你可以尝试以下妙招。

妙招一：反思与同学相处的方式

老师的表扬，说明你确实存在很多优点。同样，同学们的表现也反映出你存在某些不足。你可以通过观察别人的行为方式，来发现自己的问题。

妙招二：主动与同学沟通了解

除了自我反思，你还可以主动与同学沟通，弄清楚问题所在，从而让自己更清楚如何去做、去改变。如果存在误会，就要直接解除掉。

毋任情，毋斗气

不要因一时之气做损人不利己的事情

毋①说谎，毋贪利②。毋任情③，毋斗气。

——明·王阳明《王阳明家训》

▶▶ **注释**

①毋：不要。

②利：利益，好处。

③任情：放任情绪。

▶▶ **译文**

不要说谎，不要贪图小利。不要放任自己的情绪，更不要因一时之气做损人不利己的事情。

曹尚书家的竹园

明代第一才子解缙小时候家里很穷,父亲卖豆腐养活全家。解缙自幼身体就不好,再加上三岁还不会说话,有邻居就说:"这孩子会不会心智不全啊?身子骨还不好,这样子很难养活。"

解缙的父母一时糊涂,竟然听从邻居的建议,打算丢掉解缙。

父亲带着解缙路过一片空旷的沙地时,突然听到有人说:"这是哪里啊?风景真的太美了!"父亲吓了一跳,四周看看没有人,正纳闷时,又听到:"在这儿跑跑一定很有趣。"

这回,父亲听清楚了,是解缙在说话。解缙不仅会说话了,而且能说这么长的句子,父亲别提多开心了。他带着解缙回到家,逢人就讲:"我儿子不仅会说话,还很聪明。"

邻居们听说解缙会说话了,都到解缙家来看热闹。有个村民问解缙:"你知道你父母亲是干什么的吗?"

"母转乾坤,父挑日月。"解缙回答。

解缙家是做豆腐的,每天四五更,母亲就要起来磨豆子。那时候家里穷,没有骡子,全靠母亲推磨。天还没亮,父亲就挑着豆腐担子出去卖。可不是母转乾坤、父挑日月?邻居们一听,都说这娃娃了不得,是个神童。

解缙这么聪明,父亲觉得应该让他去学堂上学,将来才能有大出息。结果,解缙上学堂没多久就出了名,背古诗、对对子,谁也比不过他。

解缙家对面住着曹尚书一家。曹尚书家有一个美丽的花园,隔着高高的院墙看不清具体什么样子,但院墙内种了不少竹子,有些竹子长得很高,把头探出了院墙外。解缙很喜欢这些竹子,尤其是刮风的时候,竹林会发出好听的哗哗声。解缙每天对着竹子欣赏一阵子,有一天,他灵感突发,写了一副对联:门对千竿竹,家藏万卷书。

大家都夸这对联写得太好了,只有曹尚书不高兴。曹尚书心想:竹林明

明是我家的，他怎么可以写我家的竹林呢？于是他故意叫仆人把竹林砍短，砍短还不够解气，最后索性全部砍光。

没想到，解缙又在对联上加了四个字，变成：门对千竿竹短无，家藏万卷书长有。

别人听说了这件事，更觉得解缙是难得的才子了。而曹尚书却气得不行，不仅自家的竹林毁了，而且一点儿没影响解缙的才气。这场赌气，太不值了。

你讨厌踢球，看到别人踢球老想搞破坏，怎么办？

你曾经被别人踢的足球砸到过，因此每次看到有人在你的周围踢球，都会很烦躁，忍不住想搞破坏。这时，你需要调整一下心态。

不要做损人不利己的事情

不管你是否喜欢，踢球都是别人的自由，你没有权利去干涉，更没有权利去搞破坏。你的破坏既不能保证自己的安全，还可能激化出更严重的问题。

保护自身安全最重要

你讨厌踢球，无非是担心自身的安全。遇到这种情况，你可以考虑绕路远离；或者提醒下踢球的人，让他注意行人，不要踢到行人的身上。

知有己不知有人

做事情不能只想着对自己有好处

知有己不知有人，闻①人过②不闻己过，此祸③本④也。

——明·吴麟征《家诫要言》

▶▶ **注释**

① 闻：听。
② 过：过错。
③ 祸：祸患。
④ 本：根本，根源。

▶▶ **译文**

遇到事情只考虑自己，不考虑别人。只知道别人的过失，却不反思自己的过失，这是祸患的根源啊。

瘦羊博士

东汉开国皇帝刘秀，历史上称为光武帝，他当政期间非常重视教育，爱惜人才。光武帝在都城洛阳建立了我国最早的国立大学——太学，还招募天下学识渊博的鸿儒来这里当老师，为国家培养人才。当然，太学里的老师不叫老师，而是叫博士，寓意博学之士。

光武帝对博士们非常看重，除了给予很高的俸禄外，除夕这天，还准备了一群羊，一人赏赐一只，让他们高高兴兴地过年。

博士们开开心心地聚在一起等着领羊。没一会儿，侍从带着大家去羊圈抓羊。来到羊圈前，大家一看，有点儿傻眼，这羊有大有小，有肥有瘦，怎么分配好呢？

有人提议："我们来抓阄吧，按照抓阄的顺序来挑羊。"

又有人提议："要不把这些羊都杀了，按照斤两来分配。"

……

大家议论纷纷，讨论了半天也没有结果。

有位博士不耐烦了，冲进羊群，一把抓住一只肥硕的羊，说："这只羊是我先看到的，是我的了。"

另一只手同时抓住了那只肥羊："谁规定先看见就给谁啊，应该谁抢到归谁才对。"两个人为了一只羊吵了起来。

"我要这只羊。"

"这只羊是我的！"

另一边也有两位博士因为一只羊发生了争执。其他人都在犹豫着要不要加入其中，蠢蠢欲动。

有一位叫甄宇的博士，看着这混乱的场面，觉得学者们这样做很可耻。只听他大喊一声："闪开，我要选羊！"

大家被这大嗓门喊蒙了，不由自主地站到了一边。只见甄宇走到羊群中，

选了一只最小的羊,抱起来,边走边说:"我们平时教书育人,如今却在和自身利益相关的事情上斤斤计较,挑肥拣瘦,真不应该啊。"

甄宇的行为和一番话让其他人都自惭形秽,他们再也不好意思抢羊了,开始互相谦让,争着挑小羊。拿到肥羊的人,都有点儿不好意思了。就这样,大家很快分完了羊,开开心心地回家过年去了。

这年春节,大家走亲访友说得最多的就是甄宇选羊的故事,不仅在博士们中间流传,也开始在老百姓当中流传。大家对他这种不计个人得失的做法,都竖起了大拇指。

最后,甄宇选瘦羊的故事传到了光武帝耳朵里,光武帝赐给他一个雅号——"瘦羊博士"。

班干部选拔,你和好朋友都想当班长,怎么办?

新学期开学,你们班开展班干部竞选,你报名竞选班长,没想到好朋友也要竞选班长。你觉得好朋友故意针对你。这时,你需要保持两个清醒的"认识"。

认识一:遇事不能只考虑自己

好朋友需要互相支持,但不代表你想要做某件事情时,对方一定要让着你。不能为了成全你的梦想,就抹杀了好朋友的梦想。良性的竞争反而会加深你们的情谊。

认识二:竞争也是促进进步的方式

面对竞争,每个人都会本能地去好好表现,还会分析对手的优点和不足。这个过程有利于实现自我提升,这往往比结果更重要。

言无常信，行无常贞

说话办事不能只考虑利益

言无常信①，行无常贞②，惟利所在，无所不倾③，若是则可谓小人矣。

——《荀子》

▶▶ 注释

① 信：信用。
② 贞：原则。
③ 倾：投入，钻营。

▶▶ 译文

说话没有信用，做事没有原则，只要看到有好处就想尽办法去获得，像这样的人，就是我们所说的小人了。

唯利是图的秦桓公

春秋时期,秦晋两国战争不断,为了打败对方,他们争相拉拢狄人偷袭对方。常年的征战令秦国和晋国的老百姓处于水深火热之中,生活困苦不堪,有些地区甚至出现了动乱。

为了缓解国内的紧张局面,晋厉公向秦桓公发出了结盟的请求。接到晋国盟约文书,秦桓公立刻召集大臣们商议此事。

一位大臣说道:"既然晋国发出结盟的请求,大王何不应承?这些年来,秦晋两国连年征战,耗费了太多人力、物力,暂时停止征战,我大秦刚好可以休养生息一番。"

其他大臣也都认为秦晋结盟对目前的秦国是件好事,秦桓公表示同意。

公元前580年,晋厉公与秦桓公相约在令狐会盟。会盟这天,晋厉公率先到达了河东的令狐(今山西省临猗西南),等候秦桓公到来。

秦桓公出发前,大臣们力劝他:"主君,虽然我们很希望秦晋两国成功结盟,但此行不排除存在危险,您不能不小心行事啊!"

秦桓公表示:"我自是不会贸然前去会他。"

秦桓公到达河西后,便驻扎在河西王城。"史卿,与晋厉公谈判的任务就交给你了。"秦桓公派大夫史颗渡河去令狐与晋厉公会晤,商榷盟约之事。

晋厉公见秦桓公没有亲自前来,便放弃了亲自渡河去谈判的想法,改派大夫郤犨代表晋国去谈判。最终,秦国与晋国达成共识,订立了和平共处的盟约。

令晋厉公万万没想到的是,秦桓公一回到秦国,就不顾盟约的约定,派说客去狄国和楚国分头游说,怂恿他们攻打晋国。

对于秦桓公的所作所为,晋厉公十分恼怒,派吕相去秦国交涉。

"区区一份盟约就想阻止我大秦东进的脚步?这简直是痴心妄想。我只做对秦国有利的事情,才不管什么盟约不盟约的!"面对晋国吕相的质疑,

秦桓公傲慢地回答。

吕相没想到堂堂一国君主竟然有如此行径，气得面色煞白："主君这样的做法简直不可思议！这不就是唯利是图吗？你就不怕其他诸侯国知晓此事，与秦国断交吗？"

"怕什么？断交就断交，之后我的所作所为都是为了大秦的利益！"秦桓公不再理会吕相，拂袖而去。

不久，秦晋再一次断交，之后晋国联合鲁、齐、宋、卫、郑、曹、邾、滕等八个诸侯国攻打秦国，秦国大败。这就是历史上有名的"麻隧之战"。

 班干部竞选，同桌送礼物让你给他投票，怎么办？

班级要进行班干部竞选。同桌送礼物给同学们，让大家投他一票，助他当班长，也送了你一份礼物。这时，你需要保持两个"客观"。

客观看待同桌的能力

在投票竞选的问题上，首先要对同桌保持客观的评价，看他的能力是否适合当班长，不能因为收到礼物就违背事实，随意地投票。

客观对待班干部竞选

班干部竞选是一项很严肃认真的事情，目的是公平公正地对待每一个同学，所以，不能因为个人得到好处就恶意破坏规则，让竞选失去原本的意义。

巧伪不如拙诚

敢于直面问题，不掩饰真实想法

智而用私，不如愚而用公，故曰："巧①伪②不如拙③诚。"

——汉·刘向《说苑·谈丛》

▶▶ **注释**

①巧：机灵，巧妙。

②伪：虚伪，欺骗。

③拙：笨拙。

▶▶ **译文**

尽管很聪明，却用于谋取私利，还不如愚笨地为大家着想。所以说，与其巧妙地去伪装，不如笨拙地显示真诚。

弄巧成拙

宋朝的时候，有一个叫王富贵的富人。他非常在意自己的名声，常常在外人面前表现得又孝顺又谦恭。

这一年，王富贵的母亲去世了。为了表现自己对母亲的孝心，他大肆操办丧事。周围的人都惊讶于他办丧事的动静如此之大，花费的钱财远远超过了大多数人家的标准。

"他的孝心真是感天动地啊！"

"他为了死去的母亲真是舍得花钱，太难得了！"

街坊四邻看到他为母亲操办丧事这样尽心尽力，免不了在茶余饭后拿来讨论。就这样，一传十、十传百，方圆百里的人都知道王富贵是个特别孝顺的人。

那时候，人们在居丧期间会用草垫做席，以土块为枕，用自苦的方式来表示孝心和心中的哀痛。

王富贵也有样学样，每日睡在草垫之上，用土块当枕头，吃着粗茶淡饭。

有人看到他家的仆人常常丢掉破烂的草垫和破损的土块，又买回新的草垫和土块，便好奇地问："你家是要搭新屋吗，要不怎么买这么多草垫和土块？"

仆人摇头说："这是我家老爷睡觉用的草垫和土枕。因为老夫人去世，老爷很悲痛，不愿意独自享受锦衣玉食。"

"原来是这样，你家老爷真是个大孝子！"

就这样，王富贵的名声越传越广，简直就是古往今来孝子的典范。

王富贵听到人们对他的赞扬，内心非常得意。为了显示悲痛的心情，他又想到一个好办法，便吩咐仆人："你去药铺买些巴豆回来。"

仆人不解其意，但也不敢多问，到药铺买回了巴豆。回到家后，仆人发现老爷并没有吃巴豆，而是用来抹脸。

王富贵的夫人不解地问："老爷，你把这个东西抹在脸上干什么？"

"嘘！你不懂，用这个抹脸，脸上就会生疮疤，别人看到会以为我因为母亲去世哭得太多，把脸哭坏了。"王富贵小声地说。

这话不小心被仆人听到了。第二天，仆人上街买东西，正好遇到药铺的小伙计，就把老爷买巴豆的事当笑话告诉了他。

俗话说，好事不出门，坏事传千里。王富贵用巴豆抹脸的事像长了翅膀一样，很快就传到十里八乡。大家都对他弄虚作假的行为很反感，甚至还猜测他睡草垫、枕土块、吃粗茶淡饭的事也是假的。

就这样，王富贵好不容易积攒起来的大孝子名声，瞬间土崩瓦解。

你不喜欢的同学，要和你交朋友，怎么办？

你们班有一名同学总是不遵守课堂纪律，还很喜欢跟人打架，你很不喜欢他。可是，他突然说想跟你做朋友。这时，你需要两个"坦诚"。

坦诚地面对同学

不管是否能做朋友，在与同学沟通的时候，都要保持坦诚的态度。比如你不喜欢他打架，不喜欢他捣乱，不妨与他真诚地进行沟通后，再决定是否和他做朋友。

坦诚地面对自己的内心

你要确定自己是否能接受他的行为习惯，不要因为不好意思拒绝而勉强自己。当然，即便拒绝，也不要伤害同学的自尊心。

善欲人见，不是真善

做了好事，不要总想着炫耀

善①欲人见，不是真善；恶②恐人知，便是大恶。

——清·朱柏庐《朱子治家格言》

▶▶ 注释

① 善：好事。
② 恶：坏事。

▶▶ 译文

做了好事就想让别人知道，不是真的在做好事；做了坏事生怕被人知道，就是极坏的事。

李万无私助董奇

明朝时期,有一个名叫董奇的书生,为了谋生在县里找到一份类似秘书的差事。和董奇一起在县里当差的是一个叫李万的书生。他们二人无论在工作上,还是私下里,都十分投契,很快成为非常要好的朋友。

有一天,董奇接到妻子病重的消息,便辞了县里的差事,准备回乡照顾妻子。

董奇收拾好行李,便与好友李万道别。李万叮嘱他一定要写信保持联系。

董奇回到家乡后,拿出当差赚的大部分钱给妻子看病、抓药,然后又用仅剩的一点儿银钱做起了小生意。虽然很辛苦,但一家人勉强可以度日。

半年后,董奇的妻子因病重不治,不幸去世。此时的董奇已经身无分文,为了让妻子入土为安,四处筹借银两。

自从与董奇分别后,李万一直与他保持书信往来。虽然董奇从来不说自己遇到的难处,李万还是从董奇的字里行间察觉出好友所遭遇的困境。于是,他辗转打听到了董奇的消息。

得知董奇的现状后,李万很是替好友忧心,但同为穷人的他根本没有能力帮助董奇脱离困境,于是,他斗胆找到知县,说道:"大人,董奇家中遭遇变故,目前他已经到了山穷水尽、走投无路的地步了。恳请大人念在董奇之前勤恳工作、任劳任怨的分上帮帮他。"

知县也是个知书达理之人,听了李万的诉求后,便批了三十两银子,让李万给董奇送去。

李万拿着三十两银子,日夜兼程赶到董奇的家乡,找到了一筹莫展的董奇。

"董兄,节哀!知县大人得知你家中困难,特派我给你送来银两。"

"多谢李兄挂怀!感谢知县大人的大恩大德,请李兄一定代董某表达感激之情。"董奇捧着沉甸甸的银两,感激涕零。

几年后,发愤图强的董奇中了进士,入朝为官。一日,知县进京办事,

遇到董奇。董奇握住知县的手,感激万分:"没有大人之前的恩情,就没有董某的今天!"

他乡遇故知,见到董奇,知县也很激动。闲聊中,知县把之前为董奇解困的来龙去脉都告诉了董奇。

"原来如此!"董奇这才知道,是李万一直在牵挂他,在他几乎绝望的时候及时想办法给予了帮助。

董奇于是四处派人寻找李万,想向他表示感谢。可是,李万早已辞去县里的职务,不知所终了。

你为班级做了好事,可老师不知道,怎么办?

班级墙面被脏水弄花了一大片,你费了好大劲儿才把它清理干净。可是,老师和同学都不知道这是你做的,你觉得很委屈。这时,你需要两个表达"出口"。

用正确的认识清除不良情绪

你要知道,真心想做好事的人,并不在乎表扬,而是出于发自内心的善意。当然,你可以私下跟父母或好朋友表达内心真实的想法,从而获得肯定和鼓励。

用日记作为情绪的发泄口

你可以把自己内心最真实的想法和做好事的经过写入日记里,让自己的情绪找到发泄口,这可以帮助你冷静下来,坦然地面对这件事。

君子力如牛，不与牛争力

越有能力的人，越不喜欢争强好胜

君子力如牛①，不与牛争②力；走③如马，不与马争走；智④如士，不与士争智。

——西周·周公《诫伯禽书》

>> **注释**

①力如牛：力大如牛。

②争：比拼。

③走：奔跑。

④智：智慧。

>> **译文**

有德行的人，即使力大如牛，也不会与牛比力气大小；能像马一样飞跑，也不会去与马赛跑；即使如智谋之士一样有智慧，也不会与其斗智。

从"帝者师"到"帝者宾"

楚汉战争中,张良凭借出色的智谋协助刘邦夺得了天下。

汉朝建立的当年五月,刘邦在洛阳南宫举行庆功大典,大宴群臣。席间,志得意满的刘邦与群臣畅谈得天下的体会,言语中对张良赞不绝口,甚至当着众臣子的面说:"要说运筹帷幄之中,决胜千里之外,我不如子房(张良的字)。"

群臣纷纷顺着刘邦的话意,向张良致敬。对于刘邦的盛赞和群臣的膜拜,张良内心十分冷静,赶紧起身,举杯敬刘邦:"良不才,幸得陛下信任。汉得天下,是因为陛下乃胸怀天下的人中之龙。"

第二年,刘邦对功臣进行分封。刘邦封赏的大都是与他一起起兵的同乡、

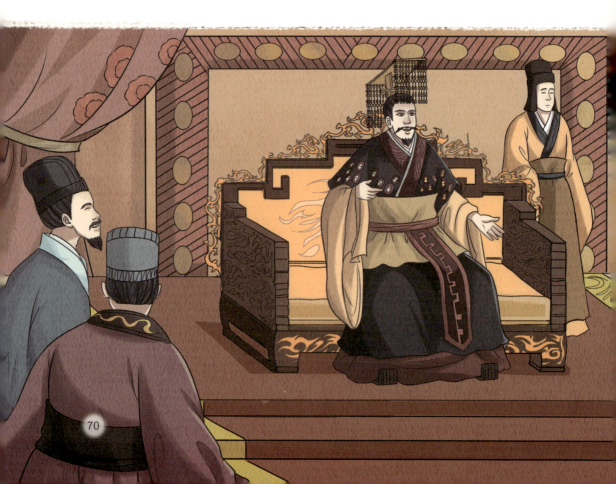

旧部，还有他信任看重的人。那些没有被分封的臣子不免诸多意见，背地里议论纷纷。

张良建议刘邦论功行赏，不要论亲疏。刘邦听取了张良的建议，消除了朝中不和谐的声音，也收获了群臣的忠心。

刘邦封赏时，赏张良齐国三万户为食邑。这个封赏可谓极其丰厚，但张良谢绝了："陛下大恩，臣感激不尽。齐国三万户，臣受之有愧。不过，臣倒是有一不情之请：陛下请封臣与陛下相遇之地留地（今江苏沛县）。陛下知遇之恩，臣永生难忘。"

此时已稳坐江山的刘邦，内心其实是忌惮张良这样功高盖主的开国功臣的，赏赐也是迫不得已，见张良放弃赏赐，当即答应下来："子房此请，朕甚是感怀，怎可不允？"

汉高祖十年（公元197年），刘邦察觉到皇后吕稚的野心，想废除太子刘盈，立得宠的戚夫人之子刘如意为太子。群臣纷纷进谏，劝刘邦放弃废太

子的想法。可刘邦心意已决，废太子，另立储君，只是时间问题。

吕后见状，暗地里让人挟持了张良，逼迫张良劝谏刘邦。张良自然不肯去劝说刘邦，更不愿参与到太子之争的乱局之中。只是在吕后的胁迫下，张良无奈说道："口舌难保太子之位，若太子能以谦卑之心去请'商山四皓'为师，陛下必会改变心意。"

果然，刘邦看到太子刘盈出入皆有他三番五次都没有请来的"商山四皓"相伴，认为太子羽翼已丰，无法更替，便不再提废太子的事了。

之后，张良辞封归隐，不再过问朝廷之事，也避免了自己陷入"狡兔死，走狗烹"的结局。

你的钢琴已经考过十级，同桌却说你不如他，怎么办？

你的钢琴已经考过十级，还拿过不少大奖，不过同学们不知道。没想到，刚考过五级的同桌竟说你不如他，你有点儿不服气。这时，你可以进行两个"自我调整"。

心态上的调整

很多时候，越有实力的人越低调，与其在口头上争强好胜，不如让自己沉淀下来，不断地提升自我。要相信，是金子总会发光的。

行动上的调整

可以主动参加一些文艺活动，比如"六一"儿童节代表班级表演钢琴独奏，或者为班级的集体表演进行伴奏等，既能证明自己的实力，又能够为班级争光。

洁身自好，严于律己

无论什么时候，都严格要求自己

洁身①自好②，严于律己；节欲莫贪，克己③复礼④。

——清·曾国藩《曾国藩家书》

▶▶ **注释**

① 洁身：使自身纯洁。

② 自好：自尊自爱。

③ 克己：克制自己。

④ 复礼：使自己的言行符合礼的要求。

▶▶ **译文**

要想爱护自己，需保持自身纯洁，严格要求自己。要节制欲望，不贪图不属于自己的东西；克制自己，使自己的言行符合礼的要求。

陶渊明不为五斗米折腰

东晋大诗人、文学家陶渊明出身于一个没落的贵族世家。他的曾祖父陶侃是赫赫有名的东晋大司马、开国功臣，祖父陶茂、父亲陶逸都做过太守。到了陶渊明出生的时候，东晋已经处于没落时期，朝政腐败，社会动荡不安。陶家不愿意随波逐流，处境日益艰难。

为了养家糊口，陶渊明二十岁就步入了官场。虽然他担任的大多是一些没有什么权力的芝麻小官，但也让他见识到了官场的黑暗，因此一次次辞官，又一次次无奈地回归。陶渊明最后一次做官，是在离家乡不远的彭泽当县令。陶渊明为官清明，处事公正，深受百姓的爱戴。

有一天，浔阳郡的督邮刘云来到彭泽县巡视。彭泽县在浔阳郡的管辖之下，

因此刘云相当于陶渊明的直接上级。刘云是一个又贪婪又阴险之人，每年都会以巡视之名，到所管辖的县搜刮财物。他到了哪里，如果当地县令不好好招待，就会被以各种名目栽赃陷害，因此大家虽然苦不堪言，却不敢得罪他。

刘云一到彭泽县的馆驿（古代驿站中的旅舍），就差人通知彭泽县令陶渊明来见他。

刘云的侍从跟着刘云仗势欺人惯了，因此对陶渊明说话也毫不客气："陶县令，我家大人请您立刻到馆驿一趟。"

陶渊明对刘云这种人深恶痛绝，更讨厌那些狐假虎威、仗势欺人的奴才。此时，看着侍从那副丑恶的嘴脸，陶渊明的内心气愤极了，却受限于自己的职位，不能拒绝前往。

于是，陶渊明忍着怒气，抬脚就往外走。不想侍从突然拉住了他，很是傲慢地说："陶大人，您穿得这么随意去见督邮不合适。参见督邮要穿官服，束上大带，才符合礼仪！"

这下,陶渊明再也忍受不下去了。他长叹一声,说道:"为了这五斗米,居然要我向小人弯腰献殷勤,我不干。"

五斗米,是陶渊明作为县令的薪俸,相当于现在的工资。陶渊明回头对侍从说:"你去告诉督邮,这个县令我不干了,他也别想从我这儿拿到任何财物!"

侍从看着突然发火的陶渊明,有点儿莫名其妙,却又不敢多说什么,只好回去复命了。

就这样,刚刚当了八十一天县令的陶渊明,因为不愿意为了五斗米折腰,辞官回家了。辞官之后,陶渊明写下了那篇著名的《归去来兮辞》,从此过上了躬耕田园的生活。

老师让你们自己做课后阅读,你完全不想学,怎么办?

因为课堂时间有限,老师让你们自己回家找时间做课后阅读,你觉得老师不会检查,没必要浪费时间去学习。这时,你需要有两个清醒的"认识"。

认识一:学习是自己的事情

不管是课上的还是课下的学习,老师或者家长只是起到引导的作用,真正想学好靠的是自己。所以不管有没有人监督,你都应该对自己负责任。

认识二:要积极主动地学习

你不仅不能依靠别人的监督学习,还要养成自主学习的习惯。在学好课本知识之外,还要不断扩大知识范围,不断地积极主动提升自我。

慎独则心安

做事情不是为了给别人看

一曰慎①独则心安；二曰主②敬③则身强；三曰求仁④则人悦；四曰习劳⑤则神钦。

——清·曾国藩《曾国藩家书》

▶▶ 注释

① 慎：谨慎。
② 主：注重。
③ 敬：恭敬。
④ 求仁：追求仁义道德。
⑤ 习劳：练习劳动。

▶▶ 译文

一个人独处的时候，也能严格要求自己，心中就是安宁的；为人处世注重外表的持重和内心的恭敬，就能使身心强健；追求仁义道德，心情就会愉悦；努力工作、辛勤劳动，神灵也会钦佩你。

天知地知，你知我知

东汉时期，有一位被称作"关西孔子"的名士——杨震。

杨震少年时就才学过人，却始终不愿意去当官。直到五十岁的时候，大将军邓骘久闻杨震的才学和贤能，竭力向朝廷举荐，杨震才走上仕途，之后更是连升四级，官至太尉。

有一次，杨震又升官了。他率领随从前往任职地，途中路过昌邑。此时昌邑的县令正是杨震的学生王密，杨震在做荆州刺史时曾举荐过王密。

杨震的随从知道王密和杨震的关系，便上前询问："大人，王大人那儿要小人去通传一声吗？"

杨震不想打扰王密，更不想惊扰了乡民，说道："不用了，我会择日专程去拜访县令的。"

当天傍晚，杨震命随从避开闹市，找了一家安静的客栈，准备休息一晚，第二天一早再接着赶路。

没承想，王密得知杨震正在昌邑，立刻前来拜访。

一见面，王密就开玩笑地问道："恩师路过昌邑，竟然不让人通传我一声，难道是担心学生会招待不周？不管怎样，恩师来到昌邑，学生必备薄酒，以尽地主之谊。"说话间，王密已经派人送来了酒菜。

王密知道杨震为人节俭，不喜欢铺张浪费，因此只备了几样清淡小菜和清茶。故人久别重逢，自然相谈甚欢。不知不觉，天色已晚，王密起身告辞。

王密走后，杨震想着明天还要继续赶路，便上床睡觉了。夜里，一阵轻轻的敲门声将他惊醒。

杨震披衣起身，满心疑惑地去开门。没想到，王密竟然站在门口。

杨震忙把王密请进房内，问道："你可是有什么要事忘记交代了？"

只见王密从怀中掏出一个布包，递给杨震。杨震打开一看，竟是十两黄金！

杨震诧异地问:"你这是何意?"

王密答道:"恩师请笑纳!上任路途遥远,带上这些银两以备不时之需。恩师不必担忧,我特意在这个时间来访,就是因为夜深人静没有任何人知道。"

杨震长叹一声,道:"我知你心意,你为何不明白我的心呢?虽然夜深人静,但天知地知,你知我知,怎么能说没人知道呢?"

王密被杨震的一番话说得很是惭愧,同时更加佩服杨震的磊落自律。

你不小心删了爸爸手机里的文件,怕被批评,怎么办?

你趁爸爸不注意的时候,偷偷拿爸爸的手机玩了一会儿游戏,结果不小心删掉了里面的一个文件,你很怕被爸爸批评。这时,你需要两个"主动"。

主动承认错误

原本"偷玩游戏"就是一个错误,再隐瞒错误,就是错上加错。与其被爸爸发现,不如你积极主动地承认错误,至少在态度上更容易被原谅。

主动弥补错误

可以问爸爸你能做些什么,以弥补犯下的错误。或者主动帮爸爸做一些事情,让爸爸的心情更好一些。

勉人为善，谏人为恶

劝谏别人的事情自己要先做到

勉^①人为善，谏^②人为恶，固是美事，先须自省^③。

——宋·袁采《袁氏世范》

注释

① 勉：勉励。

② 谏：劝谏。

③ 自省：自我反省。

译文

别人做了好事就加以勉励赞扬，别人做了坏事就去劝谏，这当然很好。但是，做这些事情之前，要先反省自己的言行，看自己有没有做得更好。

以身作则的晏婴

　　春秋时期,齐国的上大夫晏婴虽然出身于官宦之家,却为人十分正直,为官清廉无私。晏婴还常常劝诫国君治国要仁德、节俭,批判官员们的奢靡之风。

　　有一回,齐景公想到晏婴的府邸早已年久失修,就对晏婴说:"你作为齐国堂堂上大夫,住在那样破旧的宅子里,岂不失了颜面?还是找时间把它好好翻修一下吧!放心,寡人知道你积蓄不多,寡人为你出资。"

　　晏婴马上就要出使晋国,有许多事务要处理,根本顾不上修葺房屋,于是说道:"臣马上就要出使晋国,无暇顾及这样的事情,还是等我回来再说吧!"

　　齐景公没有强求晏婴,但心里早有了打算。等到晏婴办完事,从晋国回到齐国时,差点儿找不到家门。

　　原来,齐景公在他出使晋国期间,不仅帮他翻新了旧宅,还拆迁了周边邻居的房屋,扩大了宅院的面积。

　　晏婴连忙到宫里觐见齐景公,请求道:"大王的恩赏,臣感激不尽!可是臣的邻居们曾在臣外出时对臣的家人诸多关照,如今为了扩建自己的房屋而迫使邻居搬迁,臣心中实在不忍。"

　　"不妨事,寡人已将你的邻居安置妥当,你就安心住在你的新宅里吧!"齐景公可不想白费工夫和心思。

　　晏婴又托陈桓子帮忙劝说齐景公,齐景公只好答应晏婴自行处理这些房屋。晏婴立刻找人拆除了新建的宅院,把邻居的房屋照原样修建起来,又亲自把邻居们请了回来。

　　每日上朝,官员们身着华服,不是骑着骏马,就是乘坐着华丽的马车。唯独晏婴总是穿着布衣,要么坐在一匹瘦弱的马拉的旧车上,要么就走路前往,没有一点儿上大夫的架势和派头,同僚们常常暗地里嘲笑他有失体面。

齐景公实在看不下去了，三番五次命人给晏婴送去良驹和豪华马车，可是晏婴总是拒绝道："主君待臣实在是恩重如山，充分信任臣，命臣管理齐国的政务。臣时常倡导大家要节俭，要轻车简从，要体恤百姓。倘若臣在家锦衣玉食，出行乘坐华丽的马车，齐国上下就会觉得臣平日里说的话是虚伪的假话，还会照着臣的样子行奢靡之风。那齐国该如何治理？如何昌盛？"

晏婴的一番话让齐景公感慨不已，齐景公也为自己能有这样一个上大夫而感到庆幸。

你不喜欢同桌说脏话，可你也忍不住说，怎么办？

同桌因为说脏话被老师批评过很多次，你提醒过他很多次，他就是改不掉，而且他认为你也经常说脏话，没资格管他。这时，你需要两面"镜子"。

和同桌互当镜子

你可以和同桌做一个约定，谁要是说脏话，对方就提醒下。或者进行一下比赛，看谁说的脏话越来越少，然后设置一些小奖励，促使两个人一起改掉坏习惯。

做一面"坏习惯之镜"

画一面镜子，把你的坏习惯都写在上面，比如爱迟到、不讲卫生，然后针对每个坏习惯做一个改变计划，每天"照一照"，一点点改掉坏习惯。

闲谈莫论人非

多反思自己的问题,不乱说别人的是非

静坐常思^①己过^②,闲谈莫论人非^③。

——清·金缨《格言联璧》

> **注释**
>
> ①思:反思,思考。
> ②过:过失。
> ③非:是非。

> **译文**
>
> 静下来的时候,要经常反思自己的过失;与人闲谈的时候,不要谈论别人的是非。

不随便说闲话的李法

东汉桓帝朝的司隶校尉李法，是一个才学广博之人，也是一个非常正直、敢于说真话的人。

97年，李法参加贤良方正考试，因为成绩突出，加上品行端正，被任命为博士，没多久又升任侍中、光禄大夫。

就在仕途一片大好的时候，李法发现国家颁布的政令既苛刻又繁杂，百姓执行起来很麻烦不说，还一不小心就会触犯法律。此外，宦官的权力越来越大，对朝政的干预也越来越多。耿直的李法早就对这些看不过去了，干脆一口气把所有不满和建议都上书给了皇上。

当时的皇帝是汉和帝，看到李法的奏本十分生气，一拍桌子："大胆李法，岂有此理！"

惹怒了皇帝的后果就是，李法被免去了一切职务，贬为平民。李法没有为自己争辩，整理好行装，没有和任何人告别就回了家乡。

家乡的亲朋好友听说李法被罢了官，都想知道发生了什么事，于是，纷纷去看李法。

结果，大家看到李法家的大门紧闭。李法正在屋子里看书，听到门外的敲门声，知道朋友们这时候来肯定要问起他被贬职的原因，但是他不愿意说朝廷的事，便假装没有听见，没有开门。

"他现在心情应该很不好，不想接待我们，我们晚些时候再来吧。"朋友们如此想着，就各自回家了。

接下来，朋友们先后几次又去了李法家，都吃了闭门羹。直到几个月后，朋友们觉得李法应该从消沉状态中走出来了，再次去看望李法。

这回，李法家没有紧闭大门。他们走进李法的书房，看到他正在认真地读书。

"你终于可以面对现实了。"朋友们看见李法的状态，终于放下心来。

李法笑了笑，说："从回到家乡的那一刻起，我一直都是这样啊。"

"那为什么我们几次来敲门，你都不开？"朋友们疑惑地问。

"你们肯定关心我被贬回家乡的原因，这必然要说到朝廷的是非，而我不想讨论这些，所以那段时间一直闭门读书。"

"我们只是关心你，还有些想为你打抱不平。"朋友们真诚地说。

李法放下书本，很坦诚地说："我只是个见识短浅的普通人，根本没有能力去揣测皇上的真实想法。我所能做的，就是认真读书，反思自己的不足。"

朋友们听了李法的话，再也不好意思去闲谈朝廷的是非了。

你无意中知道班长的秘密，朋友都向你打听，怎么办？

班长为人非常高傲，你的朋友都不太喜欢他。你无意中知道了班长的秘密，朋友都向你打听，想趁机"打击"一下班长。这时，你需要两个"尊重"。

尊重别人的隐私

对于别人的隐私，无论是好朋友的，还是普通同学的，都要守口如瓶，不能乱说，更不能添油加醋恶意传播，这是最基本的个人素质。

尊重是相互的

当你尊重别人的时候，别人也会同样尊重你。帮助别人守护隐私或秘密，就是一种尊重。你和班长之间说不定会因为这份尊重建立一份友谊呢。

用人不疑，疑人不用

不要随便怀疑别人，要给予信任

自古用人不疑①，疑人不用。太真素②与我厚③，你不须多虑④。

——明·朱鼎《玉镜台记》

▶▶ 注释

① 疑：怀疑。

② 素：平时，平常。

③ 厚：深厚。

④ 虑：忧虑，担心。

▶▶ 译文

自古以来，任用人就不要怀疑，怀疑人就不要任用。太真素来和我交情深厚，你不用过多担心。

颜回偷吃

孔子周游列国时,经常是带着弟子们一起出行的。

有一次,孔子师徒来到了陈国,陈国是一个又小又贫穷的国家。

一天,孔子师徒来到一片荒野。这时,他们的粮食吃光了,再也拿不出一点儿可以填肚子的食物。大家饿得走不动了,孔子也有气无力地躺在马车上。

颜回是孔子最喜欢的弟子,不仅聪明好学,而且品德高尚。每到一个地方,都是颜回积极地帮助大家寻找食物。这次也不例外。他主动站出来,说:"我去前面看看有没有人家,去要点儿吃的。"

颜回强撑着虚弱的身体,走了很多的路才看到一个村子。颜回来到一个看着富裕一些的人家,好不容易要到了一些粮食,又一路奔波赶回荒野,给大家做饭吃。

经过这一番奔波,颜回已经累得筋疲力尽,却还是没忍心劳烦师兄弟们,一个人坚持着拾柴燃火,烧起饭来。在饭快要煮熟时,锅里飘出阵阵香味,原本在车里昏昏欲睡的孔子,不由得有了些许精神。他掀起卷帘,朝着颜回做饭的方向一看,竟然看到颜回抓起一把米饭填入口中。

孔子有点儿生气,小声嘟囔道:"哼,我一直以为你品德高尚,原来是假的,居然背着老师自己先吃了。"说完,孔子放下卷帘又躺了下来。

不一会儿,孔子听到车帘外有人在轻声喊他:"先生,请吃饭。"

孔子打开卷帘,见颜回正捧着一碗冒着热气的饭,恭恭敬敬地站在车外。

孔子看了颜回一眼,接过颜回手里的饭碗,若无其事地说道:"刚才我做了一个梦,梦中见到我的父亲,让我突然有点儿想念他老人家了。如果这是锅里的第一口饭,那就是最干净的,我想用它来祭奠一下他老人家。"

颜回一听,赶紧说道:"老师,不行,这不是锅里的第一口饭。刚才我烧饭时,因为刮了一阵风,有些烟尘被刮进了锅中。我看有些饭沾上了烟尘,觉得扔掉实在可惜,便抓出来自己吃掉了。"

孔子闻言，为自己错怪了颜回而内疚不已，心想：原来，"颜回偷吃"的真相，不是对老师不恭敬，而是怕浪费粮食呀。

自从这件事之后，孔子对颜回更加喜爱和信任了，再也没有发生不经确定就怀疑别人的事情。

你告诉好朋友一个秘密，又担心他告诉别人，怎么办？

好朋友经常跟你分享他的秘密，所以你也忍不住把自己的小秘密告诉了他，可很快你就后悔了，老担心他告诉别人。这时，你需要调整心态。

懂得互相信任的重要性

人与人之间相处，最重要的是信任，好朋友更应该如此。既然好朋友能够信任你，告诉你他的秘密，你为什么不能同样信任他？信任应该是相互的。

做好自己应该做的

你希望好朋友真诚对待你，并保守你的秘密，就要先对好朋友真诚，严守他的秘密。相信他也一样可以做到。

行高人自重,不必其貌之高

不要以貌取人,才华和品德最重要

行①高人自重②,不必其貌③之高;才高人自服,不必其言④之高。

——宋·袁采《袁氏世范》

注释

① 行:品行。
② 重:敬重。
③ 貌:容貌,外表。
④ 言:言论,言谈。

译文

品行高尚的人自然会受到别人的敬重,不一定要容貌优越。具有才能的人自然会受到别人敬服,不一定要言论高明。

孔子"以貌取人"

澹台灭明是春秋末期的鲁国武城人,澹台是姓,灭明是名字。除了名字怪,他的长相也很奇特,额低口窄,鼻梁低矮,总之,相貌有些丑陋。

那时候,很多年轻人要学知识,都愿意拜孔子为师,因为孔子说过"有教无类",意思是不管什么人,都应该受到教育。而澹台灭明生活在鲁国,自然也想拜孔子为师。

听说有人上门求学,孔子很高兴,可是当澹台灭明站到面前时,孔子还是吓了一跳,心里不由得想:天哪,天下居然还有这么丑的人,怎么看都不像读书之人。虽然心里这么想,但孔子从未拒绝过上门求学的人,只好收下了澹台灭明。

开始上课了,澹台灭明的座位被排在最后面。

"因为你来得最晚,所以座位自然在最后面。"孔子解释道。

澹台灭明谦逊地说道:"没关系的,只要能听到您讲课,我坐哪里都可以。"

澹台灭明上课的时候,听讲非常认真,遇到不懂的地方,就积极主动地去问孔子。孔子虽然都会解答,但表现得很冷淡,不像对其他学生那般热情。别的同学问问题,孔子都会非常耐心且详细地讲解很多,到了澹台灭明,孔子往往只解释几句话就过去了。

起初,澹台灭明并没有在意孔子的态度。但时间一长,他发现了孔子对自己与其他同学的区别。对于孔子这种以貌取人的做法,他非常气愤,毅然决然地离开了孔子门下。

对于澹台灭明的离开,孔子并没有在意,继续教授其他学生。有一天,深受孔子喜爱的学生子游从武城回到曲阜看望孔子。孔子非常高兴,与子游聊起各自的近况。

孔子笑着问道:"你最近认识的人当中,有些什么值得交往的朋友吗?"

子游点点头:"还真有一位,之前在我手下做官,名字叫澹台灭明。他长得实在不好看,但是为人光明磊落,而且规矩本分、坦诚正直,从不耍小聪明,不占小便宜。我非常喜欢与他交往。"

一听这个名字,孔子马上想起是谁了,顿时有点儿不好意思,不由得又问:"现在他还在你那儿吗?"

"没有。后来他游学去了楚国,听说跟从他学习的有三百多人,名声很大,人们都很敬佩他的才干和品德。"

听到这里,孔子惭愧地说道:"是我凭长相判断人,看错了子羽啊!"子羽是澹台灭明的字。

同桌长得又瘦又小,体育老师却让你和他组队,怎么办?

同桌长得又瘦又小,大家都不太喜欢跟他玩。体育课上,老师却让你和他组队参加训练,你很担心他会拖后腿。这时,你需要摘掉"有色眼镜"。

不要以貌取人

与人相处最重要的是看他的品德和习惯,不要仅凭外貌就轻易给人下定义。很多时候,外表不出色的人,内在都是异常强大的,总是带给人惊喜。

不要自以为是

很多人在取笑别人的时候,往往是因为自我感觉良好。这个时候要好好自我审视一下:自己真的那么优秀吗?而真正的优秀从来不需要通过贬低别人来证明。

失意事来，治之以忍

不要被挫折或失意打败

失意事来，治①之以忍②，方不为失意所苦③。快心事来，处之以淡④，方不为快心所惑。

——清·曾国藩《曾国藩家书》

▶▶ **注释**

①治：处置，对待。
②忍：忍耐。
③苦：困扰。
④淡：淡定。

▶▶ **译文**

遇到失意的事情，要学会忍耐，才不会被失意的事所困扰。遇到高兴的事情，要淡定对待，才不会被高兴的事所迷惑。

乐观的苏东坡

苏轼是北宋著名文学家、豪放派词人代表。后人更喜欢称他"苏东坡",关于"东坡"这个名字,还有段来历。

苏轼年轻的时候官路相对比较顺畅,没想到四十三岁那年,因"乌台诗案"差点儿掉了脑袋,最后在众人的求情之下被贬到黄州(今湖北黄冈黄州区)做团练副使。团练副使是专门用来安置闲散官员的一个很低微的官职,俸禄很少。那时候的黄州,贫穷且荒凉,一大家子十几口人,光靠苏轼那点儿微薄的俸禄根本养不活。

面对如此窘境,苏轼写了一首很有名的词——

卜算子

缺月挂疏桐，漏断人初静。谁见幽人独往来，缥缈孤鸿影。

惊起却回头，有恨无人省。拣尽寒枝不肯栖，寂寞沙洲冷。

词写得非常好，但不能解决现实的吃饭问题。

望着一屋子等着吃饭的人，苏夫人愁坏了："现在一天的费用已经降到最低，再降只能饿肚子了。即便这样，也没办法坚持到你发俸的日子，怎么办啊？"

苏轼也愁："唉，怪我，之前也没留点儿积蓄。"

正当苏轼一筹莫展的时候，他的好友马梦得帮了大忙。得知苏轼一家的困境后，马梦得找到黄州的地方长官徐君猷，说明苏轼面临的窘况，请求他拨给苏轼一块田地，以解决温饱问题。结果，徐君猷真的给了苏轼五十亩地，让他无偿耕种。

虽然是荒地，但只要努力去耕种，至少能够解决温饱。于是，苏轼带着两个儿子苏迈和苏过脱去长袍，摘去方巾，开始挥汗如雨地劳作，每天早出晚归。起初，苏轼父子并不懂得怎么耕种，连锄头怎么使都不太会，还是好心的邻居们手把手地教会了他们。然后，苏轼父子每日辛勤劳作，荒地终于一点点开垦出来了。

种地虽然经常要忍受日晒雨淋，那双握惯笔的手也长满了老茧，但是看着荒芜的土地一点点被粮食作物覆盖，尤其是丰收的季节，看着一粒粒靠自己的双手获得的粮食，苏轼的内心深处有着从未有过的充实和快乐。因为这块土地在向东的山坡上，苏轼给自己起了一个别致的号：东坡居士。

当基本的温饱问题得到解决后，苏轼还发展了一大爱好——研究美食。在黄州期间，苏东坡亲自动手烹饪红烧肉并将经验写入《猪肉颂》中，这就是流传至今的"东坡肉"。

因为跟同学打架，老师撤了你的班长职务，怎么办？

因为管理同学的时候，发生了矛盾，你忍不住和他动起手来。老师知道后，撤销了你的班长职务，你觉得很没面子。这时，你需要两个"冷静"。

冷静反思自己的错误

作为班长，在班级要起到带头的作用，要以身作则。打架是非常不好的行为，对班级也会产生不好的影响，因此撤职的做法毋庸置疑。

冷静思考以后的行为

被撤职固然会显得没面子，但更重要的是，之后你怎么做。是破罐子破摔，还是用加倍的努力挽回自己的声誉？只有让自己越来越优秀，才能迎接更大的挑战。

总要从寒苦艰难中做起

做任何事情都要不辞辛苦

然①子弟欲其成人②,总要从寒苦③艰难中做起,多酝酿一代,多延久一代也。

——清·左宗棠《左宗棠家书》

注释

① 然:但是,然而。
② 成人:成为有用的人。
③ 寒苦:贫穷困苦。

译文

如果想让子弟成为有用的人,就要让他们从贫穷困苦做起,多让一代人经受磨炼,家族的繁盛就能多延续一代。

屈原的山洞教室

屈原是战国时期楚国的政治家、诗人，中国浪漫主义文学的奠基人。

屈原出身于一个没落的贵族家庭，虽然家族的政治地位大不如前，但生活上依然很富足。屈原的父亲非常重视子女的教育，所以，屈原从很小就开始读书。

有一年冬天，天气奇冷，母亲怕孩子们读书时冻坏身子，便把火盆搬进了书房，还把火烧得旺旺的。窗外大雪纷飞，寒风呼号，屋内却温暖如春。屈原的几个年幼的弟弟很快在温暖的火盆边睡着了，书本掉到地上也不知道。

屈原也打不起精神，昏昏欲睡。于是他跑到屋外，站在冷风中吹了一会儿，等脑子清醒一点儿，才回屋继续读书。

母亲看见了，心疼地责备道："你不要老往外跑，一进一出，一冷一热，很容易感冒的，赶紧回房间好好待着吧！这么冷的天，少读点儿书也没关系的。"

屈原也觉得这样跑进跑出也不是办法，自己可能生病不说，还影响了弟弟们。但他不愿意把大好时光给浪费了，一直在琢磨解决的办法。

当屈原又一次从屋里跑出来吹冷风的时候，无意间看到不远处的一座山。那座山他曾经跟着大人们一起去过几次，山里的环境清幽，除了打猎的猎户，很少有人进出。

屈原那次去玩的时候，在半山腰处意外发现一个山洞，山洞里面有一块平整的大石头，非常适合打坐休息。

想到这里，屈原开心地对母亲说："母亲，我要去那座山上的山洞里读书。那里十分清静，没人打扰，是个读书的好地方。"

母亲听说屈原要跑到山上去读书，一口拒绝："不行，不行！那么荒凉的地方，又没有火盆，又不能好好休息，为什么要跑到那里去受罪？"

"母亲，要想读好书，就不能怕吃苦。那里环境不好，刚好能够磨炼

我的意志,我决不会因为这点儿困难就退缩的。"

最终,屈原不顾家人反对,准备了一个简单的行囊,第二天就独自去山洞里读书了。

山洞的环境真的很恶劣,再加上严寒的天气,屈原的手脚都冻出了冻疮,但他没有屈服,坚持每天读书。刺骨的山风吹得他头脑异常清醒,学习的效率自然提升了不少。

就这样,屈原在山洞里坚持学习了三年,不仅学识日益丰富,意志也更加坚定,为他后来在政治上和文学上的成就打下了坚实的基础。

每天写作业你都会写到很晚,觉得很辛苦,怎么办?

每天晚上,你都要忙于写各科作业,根本没有时间玩,有时候遇到难题,很晚才能睡觉,你觉得学习太辛苦了。这时,你需要两张"励志卡"。

励志卡一:用喜欢的名人鼓励自己

把自己最喜欢的名人照片还有他的名言,贴到书桌比较显眼的位置,然后告诉自己,没有什么成功是不需要付出努力的,要向你喜欢的名人学习。

励志卡二:用奖惩措施作为学习的动力

可以和爸爸妈妈商量一些奖励的措施,比如在一个月内成绩提升,就奖励一次出游或一份小礼物,还可以设置一些惩罚措施,鼓励的同时也有鞭策。

不自是而露才

不要做没有把握的事情

不自是①而露②才，不轻试以幸③功。

——《增广贤文》

▶▶ 注释

① 自是：自以为是。
② 露：显露。
③ 幸：侥幸。

▶▶ 译文

不要觉得自己了不起就随意显摆才能，不要在没有充分的准备和把握的时候去做事，靠侥幸来获得成功。

李信兵败楚军

战国末年,七雄中日益强大的秦国,在秦王嬴政的带领下,横扫六国,先是灭了韩、赵、魏三国,接着数次击败楚军。

楚国在和秦国的数次战争中,失去了大片的土地。然而,根基雄厚的楚国仍然是东方的一个大国,具有相当强的军事实力,要想消灭它,绝非易事。再加上秦国常年处于与各国战争的状态,尽管一直处于胜利者的位置,但是消耗巨大。

秦王嬴政很重视对楚国的战争,因此,他将秦国的大将全部召集起来商讨作战方案。

秦王问道:"消灭楚国,需要多少人马?"

大将军李信抢先回答:"最多不过二十万人。"

秦王见王翦撇了撇嘴,于是问王翦:"王将军,你觉得呢?"

王翦说:"至少六十万,否则不可轻言灭楚。"

秦王一听,心想:秦国所有士兵加在一起,也就是六十万左右,难道全部拉出去打楚军?而且楚军已经被秦国打败多次,损失也很大,没必要派那么多人前往了。王翦应该是年纪大了,胆子也小了,才会如此谨小慎微。

最终,秦王采纳了李信的建议,并派李信为大将带兵攻打楚国。王翦非常不满意秦王的决定,一气之下以养病为由回乡了。

公元前225年,李信被任命为伐楚大将军,领兵二十万,大举进攻楚国。李信曾无数次带兵打仗,且获得不少战绩,此时对战楚国,他信心十足,制订了速战速决的作战计划。

楚国带兵的将军是项燕,见秦军气势正盛,知道正面冲突没有获胜的把握。于是,他改变战略,避免和秦军正面交锋,同时拉长战线,分散秦军的兵力。这样一来,李信原本集中兵力突击的计划

就泡汤了。战线被楚军分散成多条，无法集中力量，秦军只好左右突击，一时间损失惨重。

慎重考虑之后，李信决定撤兵。这正中楚军下怀，趁秦军军心涣散，楚军大举反击，秦军大败。

李信战败的消息传回秦国，秦王大怒，同时也认识到轻敌和准备不足的问题。秦王思量再三，亲自到王翦的老家找到他，恳请他重新出山。这一次，秦王听从王翦的建议，集合了全国的六十万兵力，同时制订了十分详细的作战计划，历经数月的准备，才正式向楚国进军。在与楚军对峙的过程中，王翦不骄不躁，不断寻找机会，终于消灭了楚国。

朋友让你帮忙修理游戏机，可你担心修坏了，怎么办？

你平时喜欢跟爸爸学修理东西，比如遥控汽车、风扇，都能修好。朋友觉得你很厉害，让你帮忙修理游戏机，可你担心修坏了。这时，你要与朋友做好沟通。

坦承自己的不足

要主动告诉朋友，你在这方面的能力有限，并说明你没有成功的把握，甚至可能会把游戏机弄坏，让朋友想清楚再决定是否让你尝试。

尽全力但不逞强

如果朋友让你大胆尝试，那就尽全力去做。注意记录操作步骤，万一无法修好，至少能让它恢复之前的状态。如果实在修不好，不要逞能，找专业人员帮忙。

事勿忙，忙多错

做事要有计划，不能慌乱

事勿①忙，忙多错，勿畏难②，勿轻略③。

——清·李毓秀《弟子规》

▶▶ 注释

①勿：不要。
②畏难：害怕困难。
③轻略：轻率，忽略。

▶▶ 译文

处理事情时，不要忙乱，越忙乱越容易出错。遇到困难，不要退缩，也不要随便地敷衍了事。

忙中出错的齐景公

春秋末期,齐国国君齐景公非常器重和依赖卿相晏婴。国中大小事情,齐景公都要向晏婴请教。对于晏婴的建议,齐景公总是认真对待。

有一回,齐景公带着随从到渤海湾去游玩,正玩到兴头上,就见一名侍卫骑马飞奔而来。看见齐景公,侍卫飞身下马,下跪禀报:"主君,大事不好了,卿相突然得了重病,危在旦夕。您赶紧往回赶路吧,不然就见不到他最后一面了。"

齐景公一下子愣住了:离开王宫的时候,晏婴还是好好的,怎么才几天工夫就病得这么厉害?但此时已经来不及细想,齐景公急忙下令道:"快快快,备马,出发,给我选最快的马、最好的驭手。"

很快,最好的驭手赶着最快的马过来了,齐景公一上车坐好,就催促道:"快快快!回宫!"

驭手一甩鞭子,大喊一声"驾",马车就像离弦的箭一般飞奔了出去。驭手不停地甩着鞭子,几匹马更是卖力地在路上飞奔。马蹄的嘚嘚声,犹如闷雷滚动,声声在耳。可是,齐景公半个身子从马车里探了出来,仍不停地问:"还能快点儿吗?还能快点儿吗?"

"已经最快了,主君,您坐稳,不然要被甩下车去了。"驭手答道。

但是,齐景公还是觉得太慢了。一时情急之下,他把驭手推到一边,自己拿起鞭子赶起车来了。可是,他不是专业的驭手,胡乱地几鞭子下去,不仅没让马跑得更快,还让马车走了不少弯路。

齐景公乱了方寸,居然从马车上跳了下来,大步朝前跑去。

这可把侍卫和驭手吓坏了,侍卫一边跟在齐景公身后跑,一边喊道:"主君,主君,您这样会把自己累坏的,还是坐到车上去吧!"

"不行,不行,马车太慢了!"齐景公上气不接下气地说。

跑了一会儿,齐景公累得汗流浃背,腿像灌了铅似的,再也跑不动了。直到这时,他的脑子才冷静下来:两条腿的人跑得再快,怎么比得上四条腿的马呢?

"扶我上车吧！"已经累到腿软的齐景公吩咐道。

就这样，在侍卫的搀扶下，齐景公又回到了马车上。而驭手也使出浑身解数，驱赶着马车稳稳地朝前奔去。

齐景公回到王宫时已是深夜，但他顾不上休息，立即去看望晏婴了。

眼看就要考试了，你还有好多科目没复习，怎么办？

还有一个月就期末考试了，你还有好多科目没复习呢，总觉得复习不过来，又担心考不好被妈妈批评。这时，你需要做好两个"计划"。

计划一：抓大放小

时间紧迫，肯定来不及什么都从头复习一遍，只能抓大放小，比如重点复习最弱的科目，其他科目选择常错、易错的题来反复练习。

计划二：详尽的复习安排

抓住了重点，再把每一科复习的时间和内容规划好，比如英语每天复习一个小时，重点是单词，每天记十个。每天都坚持按计划完成，一定会有所收获。

拟议而后动

行动之前先想好策略

自当量^①其善^②者,必拟^③议^④而后动。

——三国·嵇康《诫子书》

>> 注释

① 量:思量。
② 善:好。
③ 拟:拟定,制订。
④ 议:商讨。

>> 译文

　　一个真正有智慧的人,应当能分辨善恶,知晓自己应当做的事情,一定会先筹划好策略再行动。

田忌赛马

战国时期,齐国国君齐威王很喜欢与他的大将田忌赛马,作为娱乐。

齐威王乃一国之君,当然不愿意输掉比赛,而田忌是一员武将,也是好胜心极强。每次比赛,二人都各出奇招,竭尽全力,然而,每次都是齐威王胜出。

这天,又一次赛马结束后,田忌无精打采地回到府中。

田忌叹了口气,郁闷地对他的军师孙膑说:"唉!虽然是输给了大王,但每次都输,真的太没面子了。"

"将军赛马输了?可否将赛马的过程告知在下?"孙膑看到田忌如此苦

恼，不由得问道。

孙膑是大军事家孙武的后代，因为足智多谋，被魏国将军庞涓所陷害，成了残疾人，是大将军田忌想办法把他救回齐国的。回到齐国的孙膑受到齐威王的重视，成为田忌的军师，被田忌视为上宾。

此时，听到孙膑发问，田忌一股脑儿地把赛马的经过说了一遍。

"原来是这样。大王和将军的几匹马我都看过，将军的三匹马确实都比大王的马略逊一筹。如果按照常规的办法比赛，您确实会输，但只要想想办法，要赢也不是没有可能。"

孙膑的话让田忌眼前一亮："快说说，我要怎样才能赢？"

"这样吧，下次赛马，我和您一起去。您按照我说的方法分配马匹参赛，肯定能赢。到时候，您多多下注，就可以把之前输的银子全赢回来了。"

田忌见孙膑一副心中有数的样子，高兴坏了，立刻跑去跟齐威王约好了下次赛马的时间。

比赛的日子到了，齐威王坐在台上，一副胜券在握的样子。田忌稍显信心不足，但还是按照孙膑所说的，一口气押了不少钱。

比赛开始了。

第一局，齐威王出战的是上等马，田忌听从孙膑的建议，用下等马出战。结果显而易见，齐威王大获全胜。

第二局，田忌用上等马与齐威王的中等马比赛。最终，田忌赢了。

第三局，田忌用中等马对战齐威王的下等马。结果，田忌又赢了。

三局两胜，田忌终于赢了齐威王，不仅赢回了之前输的所有钱，还大大地赚了一笔。最重要的是，他感觉自己扬眉吐气了。

得知是孙膑出主意帮田忌赢了比赛，齐威王不仅没有生气，反而更加看重孙膑了。

你将代表班级参加演讲比赛，很怕输，怎么办？

学校组织演讲比赛，老师让你代表班级参加。你很希望为班级赢得荣誉，所以很担心输掉比赛。这时，你需要做好两个"准备"。

准备一：充分地练习

不管是代表班级还是个人，既然参加比赛，就要全力以赴，所以你要让自己准备得更加充分，才有可能取得好的成绩。

准备二：心态上的调整

既然是比赛，就有输有赢，所以没必要追求必赢的结果。只要你竭尽全力了，输赢都不重要。放松心态，才能创造奇迹。

天下事有难易乎

只要努力就没有难事

天下事有难易乎？为①之，则难者亦②易矣；不为，则易者亦难矣。

——清·彭端淑《为学》

▶▶ **注释**

① 为：做。
② 亦：也。

▶▶ **译文**

天下的事情有容易和困难之分吗？努力去做，困难的事也容易做到；不去尝试，容易的事也变得困难了。

大胆出发的穷和尚

明朝的时候,在四川一座偏远地区的山上,有两座寺庙,其中一座寺庙坐落在山前,香火鼎盛,庙里的和尚都很富有。而另一座寺庙坐落在山后人烟稀少的地方,很少有人去上香,因此庙里的和尚都比较穷。

一天,一个富和尚到半山腰的小河挑水,正好遇上一个穷和尚也拎着水桶去打水。两人早就认识,一见面就聊了起来。

"听说你最近有出门云游的打算?"富和尚问穷和尚。

"是啊!我早就想去南海了,我师父之前就去过那里,他一直希望我也去一趟,增长些见识。之前因为一些事耽搁了,我准备这两天就动身。你也有这个打算吗?"穷和尚回答说。

富和尚用狐疑的眼神看了看穷和尚,忍不住问道:"那你准备怎么去呢?"

穷和尚笑着回答:"就这样去啊。咱们出家人云游四方,带上水壶和钵就足够了,还需要什么呢?"

富和尚质疑道:"你未免把事情想得太简单了吧?你知道到南海有多远、多困难吗?像你这样什么都不准备,只怕走不出四川,你就走不下去了。这几年,我一直在筹备着去南海的事。最早我想雇一艘船沿江而下,只是一直没有雇到合适的船。后来,我想着干脆自己造一艘船,又苦于找不到造船的工人,而且,买造船的木材也是件麻烦的事情。"

穷和尚笑了笑,没有继续说下去。他拎着桶,下河打满水,跟富和尚道了别,就回寺庙去了。

富和尚望着穷和尚的背影,不由得嘀咕了一句:"从四川到南海,几千里路呢。我有充足的盘缠,还有能力造船,都一直没能成行,他身无分文就想云游到南海,真是异想天开!"

这天之后,富和尚很久都没有遇到穷和尚。不过,庙里每天都很忙,他也顾不上去关心穷和尚有没有出门。

时间过得很快，转眼一年的时间就过去了。一天，穷和尚突然出现在富和尚面前。

富和尚看着眼前衣衫褴褛却精神焕发的穷和尚，顿时想起了穷和尚的云游之梦。他猜想，穷和尚可能是来跟他筹借盘缠的。还没等富和尚发问，就听到穷和尚兴奋地说道："我已经从南海回来了，今天特地过来跟你讲讲去南海的事。等你去的时候，就可以少走弯路了。"

富和尚听了穷和尚的话，顿时目瞪口呆，不知道该说什么好。

有了目标，却担心实现不了，怎么办？

新学期，妈妈承诺只要能提升相应名次，就有相应奖励。你渴望得到奖励，却担心达不到妈妈的要求。这时，你需要分两个步骤进行。

步骤一：先行动起来

任何事情，只要付诸行动就有可能完成。不大胆尝试，不去努力，就永远不可能完成。所以，先沉下心来，努力学习就对了。

步骤二：制订相应的计划

要想实现目标，就得有相应的学习计划，比如重点学习什么，怎么学习，学习多久，等等，都要结合自己的实际情况做好计划，然后认真地执行，就有可能收获惊喜。

能勤能俭，永不贫贱

不仅要节俭，还要勤劳

家俭①则兴②，人勤③则健；能勤能俭，永不贫贱。

——清·曾国藩《曾国藩家书》

▶▶ **注释**

① 俭：节俭。
② 兴：兴旺。
③ 勤：勤劳。

▶▶ **译文**

　　家庭要保持俭朴的传统才能兴旺，人要勤劳才能够有健康的体格；既勤劳又俭朴，生活就永远不会贫贱。

少年戚继光的故事

明代抗倭英雄戚继光出身于一个将门世家，他的父亲戚景通是一位武艺超群、治军严明的军事家，也是当时的抗倭名将。

有一年，将军府修缮房屋，戚景通让工匠们安装四扇雕花木门即可。

"堂堂将军府装四扇雕花木门，是不是太寒酸了？难不成是怕给多了工钱？"

"我看八成是不想给我们太多工钱。"工匠们背地里悄悄议论。

"你们在说什么？"年仅十二岁的戚继光跑到工地看热闹，正好听到工匠们议论，忍不住上前询问。

"将军吩咐小人在这里只安装四扇雕花木门。小少爷，您过来看看，这个位置是可以装上十二扇雕花木门的。这样看起来足够华贵，才跟将军府相配啊。"

戚继光觉得工匠们的话有道理，便说："你们等着，我去和父亲说。"

戚继光跑到父亲的书房，嚷嚷道："父亲大人，那个屋子是可以装上十二扇雕花木门的，四扇雕花木门实在难看，又显得小气，与您的身份也不符。请父亲下令增加八扇吧！"

戚继光以为父亲会表扬自己考虑周到，谁知，父亲听完他的话，脸色顿时变得严肃起来："你小小年纪竟然讲究起排场来了？什么是小气？将军府应该如何铺张才相称？倘若你现在就养成虚荣奢侈的习惯，成人后，你会连这四扇雕花木门都装不起！"

父亲的训斥，让戚继光觉得很惭愧，他马上向父亲认错："父亲，孩儿知错了！"

从这之后，戚继光开始有意地勤俭起来，也不再觉得自己与平常百姓家的孩子有什么不同了。

一天，戚继光的母亲看到戚继光的鞋子又旧又破，连夜为他缝制了一双

丝绸面料的新鞋子。

穿着软和舒适、面料考究的新鞋，戚继光非常开心，他脚步轻快地在家中转来转去，还得意扬扬地在仆人面前展示自己的新鞋。这时，父亲走了过来，呵斥道："你怎么穿着这样一双鞋？年纪轻轻的穿这么华丽的鞋子，还一副得意扬扬的模样。你这样一味追求享受，若是长大后当了将军，还不得想法儿克扣属下的军饷？"

戚继光看着身为将军却总是穿着旧衫的父亲，羞愧极了。他默默脱下新鞋，换上了旧鞋。

自此，戚继光一直保持勤俭的习惯，即便后来当上了大将军，成为抗倭名将，也没有变得奢侈浪费。

妈妈要求你帮忙做家务，否则减少零花钱，你该怎么办？

你在吃和穿方面很节俭，每个月只用零花钱买几本漫画书。可是妈妈觉得你太懒，要求你帮忙做家务，否则减少零花钱。这时，你需要两个小妙招。

妙招一：先从简单劳动开始

每个人都要付出劳动才能有所收获，而且从小就要养成劳动的好习惯。你可以先从很简单的劳动做起，比如摆放碗筷、收拾盘碗，很容易做。

妙招二：确定劳动内容

跟妈妈约定好劳动的内容，每天准时进行，然后认真做好，不要怀有糊弄的心态，坚持下去，不给自己偷懒的机会，就会养成好习惯。

吾心独以俭素为美

节俭是一种美德

众人皆以奢靡①为荣，吾心独以俭素②为美。人皆嗤③吾固陋④，吾不以为病。

——宋·司马光《训俭示康》

>> 注释

① 奢靡：奢侈浪费。
② 俭素：节俭朴素。
③ 嗤：嘲笑。
④ 陋：浅陋。

>> 译文

大家都以奢侈浪费为荣耀，我心中却认为节俭朴素才是最美好的品德。众人都嘲笑我固执鄙陋，我却不认为有什么不好。

司马光的俭素之美

北宋文学家、史学家、政治家司马光出身于官宦人家,十九岁就高中进士,入朝为官。他虽然身居高位,却一生崇尚节俭。

司马光初入洛阳为官时,他的好朋友范镇特意从许州赶到洛阳探望他。范镇一进入司马光的屋子,就不由得愣住了。屋子里除了四面放满书的书架外,只有一张旧床、一张旧桌和一把木椅。床上的被褥又薄又旧,已经看不清曾经的颜色,而且补丁连着补丁。

"君实(司马光的字)实在太清贫了,何必如此自苦?"范镇长叹一声,并没有多劝,因为他太了解司马光了。

回到家后,范镇让妻子做了一床又厚又软的新被子,托人带到洛阳送给司马光。

"君实得一知己,足矣!"收到范镇送来的被子,司马光感动不已,一时兴起,便提笔在被头写上"此物为好友范镇所赠"的字样。这床被子一直陪伴了司马光许多年。

冬日的一天,天空飘着鹅毛大雪。家家户户都烧旺了炉火,抵御突然来袭的严寒。而身处陋室里的司马光,家里连个火盆都没有,身上的棉衣又旧又薄,他坐在书桌前边看书边忍不住瑟瑟发抖。这时,一位慕名远道而来的客人敲开了司马光家的门。

司马光将客人迎进屋后,说道:"家中没有火盆,实在抱歉得很!喝碗姜汤祛祛寒吧!"说着,司马光拿着食材亲自去熬了一大锅的姜汤,给客人和自己各盛了一大碗。

原本怀着满腔热情千里迢迢赶到洛阳想与司马光畅谈一番的客人,仅仅靠一碗姜汤根本顶不住寒冷,于是聊了一会儿就匆匆离开了。

后来,这位客人又去拜访了司马光的好友范镇,范镇不仅加足了炭火给他取暖,还设下丰盛的酒宴,款待了他。

"还是范兄待人真诚热情,君实兄实在是……唉!一言难尽!"

客人的话让范镇很是好奇,他得知缘由后,非常诚恳地说:"你误会君实了!他绝非是怠慢于你,而是真的没有东西可以招待你呀。不仅是你,就是我去,也是一样的。他怕你冷,特意煮了姜汤给你喝,你觉得不足以待客,可对他来说却是拿出了平时舍不得吃喝的好东西。君实兄待人真诚无私,他的俸禄都用来接济身边穷困的亲朋了,搞得自己常常捉襟见肘。"

听了范镇的话,客人十分感动,更为自己误会了司马光而感到惭愧不已。

因为你穿的衣服,同学们老笑话你土,怎么办?

你从不挑剔穿什么衣服,也不让妈妈给你买很贵的衣服,觉得舒服就行,可是同学们老嘲笑你穿的衣服土里土气。这时,你需要两个"妙招"。

妙招一:用自信打败质疑

学生时代,以学业为重,与其把精力放在比吃比穿上,不如抓紧时间搞好学习。而且崇尚俭朴是一种美德,你不仅不需要自卑,反而值得骄傲。

妙招二:用特长转移注意力

你可以通过一些特长,比如优秀的学习成绩、高超的钢琴水平、精湛的篮球技能等,转移他们的注意力,让他们看到你的闪光点,由嘲笑变成崇拜。

自奉必须俭约

养成节俭不浪费的好习惯

自奉①必须俭约②，宴客切勿流连③。

——清·朱柏庐《朱子治家格言》

▶▶ 注释

① 自奉：自我供养。
② 俭约：俭朴，节约。
③ 流连：舍不得离开。

▶▶ 译文

　　自己在生活上必须节约，在一起聚会吃饭时不要流连忘返。

不爱新衣爱旧装的季文子

　　季文子是春秋时期鲁国的上卿，权力很大，生活却非常俭朴。

　　有一回，季文子要出门会见朋友，吩咐新来的仆人去拿衣服。仆人一打开衣柜，顿时傻了眼："这、这、这……居然没有一件丝绸衣服，全是葛麻的。这些衣服还不如我穿的，怎么穿出去见人呢？"

　　仆人不敢问季文子，只好悄悄问老仆人。老仆人说："咱们季大人就是这么节俭的人，除了朝服，其他衣服一律不准买丝绸的，还不让我们随便扔掉旧衣服。"说着，老仆人帮忙选了一件相对新一点儿的，让仆人给季文子拿过去，顺便让他到马厩去牵一匹马。

　　看见马厩里的马，新仆人又忍不住一番感叹："这里一匹高头大马都没有，和上卿的身份一点儿不匹配啊。"

　　再看马槽里的饲料，全是稻草，没有一点儿粮食，难怪喂养出来的马都那么瘦小。

　　不过，这回仆人学聪明了，他牵了一匹稍微高大一点儿的马，去找季文子，陪他去朋友家。

　　季文子的节俭在圈子里是出名的。有一天，好朋友仲孙来到季文子家里，看他过得如此清贫，忍不住说道："你身为上卿，德高望重，明明可以享受很高的待遇，却偏偏过得跟普通的百姓差不多。听说你在家里不许家人穿丝绸衣服，只能穿麻布衣服，而且只有穿得很旧了才让人做新衣服；也不给马匹喂粮食，只让它们嚼干草。你看看你的马，多瘦！"

　　季文子不好意思地笑了。仲孙继续说："再看看你自己，穿得这么寒酸，要是刚好有他国人来我们国家，看见鲁国的上卿穿成这样，还以为我们国家很穷呢！说不定会瞧不起我们！"

　　季文子听后，淡然一笑，说："谁不希望把家里布置得豪华典雅，住得舒舒服服啊？但是我们的国家真的还不够富裕，那么多老百姓穿着破烂的衣

服，还有人受冻挨饿，我怎能忍心只关心自己家是否富丽堂皇呢？为官的良心何在？再说，一个国家的强盛与否，不是靠官员的服饰来体现的，而要看老百姓生活得如何。"这一番话说得仲孙羞愧万分，同时内心对季文子更加敬重了。

有意思的是，从这以后，仲孙也开始向季文子学习，不再穿华丽的衣裳，家庭开支也缩减了很多，甚至还打发了好些仆人，因为很多活，他觉得自己可以干。

去年买的一双鞋，今年你已经不喜欢了，怎么办？

去年妈妈给你买的一双鞋，今年已经不流行了，虽然没有任何损坏，但你一点儿都不想穿了，你在犹豫要不要扔掉。这时，你要有两个正确的"认识"。

浪费是对父母的不尊重

你现在所有吃的、穿的都是父母辛苦努力获得的，所以，任何浪费都是对父母辛苦付出的践踏。多关心父母，首先要做的是珍惜父母给你的每一样东西。

简朴是最天然的美

作为学生，学习才是最重要的。这时候，不应该为了追求穿着的时尚、新潮而盲目地浪费。简单、俭朴的穿着打扮，更能体现天然的青春之美。

一粥一饭，当思来之不易

珍惜拥有的东西，不浪费

一粥一饭，当思①来之不易；半丝半缕②，恒③念物力维④艰。

——清·朱柏庐《朱子治家格言》

▶▶ 注释

① 思：思考。
② 缕：线。
③ 恒：常，经常。
④ 维：语气词，无实义。

▶▶ 译文

一点儿粥一点儿饭也不能浪费，要想着来得不容易。半根丝半根线也不能糟蹋，要想到这些东西是辛勤的劳动换来的。

不浪费的陆龟蒙

陆龟蒙是唐代著名的诗人,其实,他还是很厉害的农学家,编写了中国有史以来唯一的一本古农具专志《耒耜经》。

陆龟蒙出身于一个富裕的家庭,因为吃喝不愁,他养成了豪放、仗义的性格,待人接物十分大方。不过,在生活上,他却从不浪费。

陆龟蒙家有数百亩田,种着大片大片的水稻。这些田地虽然面积大,收成却不是很好。因为这片田地的地势比较低,一下雨,田里的雨水就和小河水连成一片,再加上江南雨水多,严重影响了庄稼的生长。

陆龟蒙家雇了十来个帮工,负责播种、插秧和收割。陆龟蒙虽然把大多数时间都用于读书,但是也经常跟着帮工们一起下田干活。

为了让收成好一点儿,陆龟蒙只要一有空,就拿着农具跟帮工们到田里筑堤,以挡住小河里倒灌的水。雨水多的时候,他就拿着长柄的大水瓢,一瓢一瓢地把田里的水往外舀,防止水稻秧苗涝坏。

在田里干活的人看见陆龟蒙干活这么卖力,和他开玩笑:"你家里那么有钱,为什么还那么辛苦干活啊?"

陆龟蒙说:"尧舜治理天下晒黑了脊梁,大禹治水磨出了厚茧,他们都是圣人,尚且如此辛苦,我一个平民百姓,怎敢不勤劳呢?"

水稻收割的时候,正是江南酷热难耐的时节。为了避开一天中最热的时段,帮工们在天蒙蒙亮时就下地干活,然后中午前收工回去。为了赶进度,难免会落下一些稻穗,这个时候,陆龟蒙就像个小尾巴似的,跟在帮工后面捡稻穗。

尽管没到中午,太阳却已经很毒了。帮工看文弱的陆龟蒙热得汗流浃背,劝他:"别捡了,这些稻穗本来就不太好了,估计有一大半都是瘪的,捡回去也打不出多少粮食。而你因为这点儿东西,晒坏、累坏了可不值得。"

陆龟蒙没有停下来，边捡稻穗边说："有一半是瘪的，那不是还有一半是好的吗？我每天都捡一点儿，加在一起就可以多收不少粮食。"

"没想到，你平时看着那么大方，却比我们还爱惜粮食啊！"帮工不由得赞叹道。

"我其实是爱惜你们啊！"陆龟蒙笑着说，"我看着你们又是播种又是收割的，每天起早贪黑地劳作，真的很辛苦。而这每一颗粮食，都是你们的辛勤汗水换来的，我怎么舍得浪费掉呢？"

每次吃饭，你总是习惯剩饭，怎么办？

你觉得家里做的饭远不如汉堡包、比萨好吃，因此总是吃得很少，每次都会剩下不少饭，为此妈妈没少批评你。这时，你需要做出两个"改变"。

改变一：端正自己的认知

可以多读一读唐诗《悯农》，用心去体会粮食的来之不易，感受下农民伯伯的辛劳。当然有机会你也可以真实地体验下农业劳动。

改变二：主动减少浪费

汉堡包、比萨虽然好吃，经常吃却容易导致肥胖，不利于健康。你可以跟妈妈商量丰富做饭的品类，然后每次根据饭量少盛饭，最大限度减少浪费。

黎明即起，洒扫庭除

规律作息，养成良好的生活习惯

黎明即起，洒扫庭除①，要内外整洁。既②昏③便息，关锁门户，必亲自检点④。

——清·朱柏庐《朱子治家格言》

▶▶ 注释

①庭除：厅堂内外。

②既：到了，已经。

③昏：黄昏。

④点：清点。

▶▶ 译文

天刚亮就要起床，打扫厅堂内外和台阶，要保持庭院内外整洁。到了黄昏就要休息，要关窗锁门，并逐一亲自检查确认。

木头警枕

司马光是北宋著名政治家、史学家和文学家。

司马光从小就聪明,当然也很淘气。进入学堂上课的第一天,先生告诉大家:"大家每天早上要早点儿起来,把前一天我教给你们的内容背熟,上课的时候我会一个一个检查,看谁没有记下来。"

其他孩子很听话,第二天早早起来背诵,课堂上当然顺利通过。但是司马光想:先生讲完课,我当场就会背了,为什么还要第二天早起背诵呢?那简直是浪费睡眠的大好时光啊!于是,第二天早上,司马光一直睡到自然醒,然后匆匆忙忙洗漱、吃饭,再匆匆忙忙跑去学堂,压根儿没早读。

课上,司马光被先生叫起来背诵,不仅背得磕磕巴巴,而且有一大半忘光了。先生非常严厉地批评了他。

司马光觉得很羞愧,决定以后每天早点儿起来。可是,他每天早上都困得睁不开眼睛,总是起不来。结果就是,司马光成了学堂里被先生批评最多的人。

为了早起,司马光想了一个主意:晚上睡觉前多喝水,然后早上就可以被尿憋醒了。于是这天晚上,司马光在睡觉前不停喝水。

母亲忍不住提醒道:"睡觉前不能喝太多的水,否则很容易尿床的。"

"可是我渴啊。"司马光还故意咳了几下,"我就想喝水。"

结果第二天早上,司马光因为尿床换被子、衣服,不仅没顾上背书,上学还迟到了。当得知他迟到的原因,大家笑得前仰后合,连严肃的先生都忍不住笑了。

先生把司马光叫到一边,循循善诱道:"你真的很聪明,但是,不够努力啊。我们学了很多前人刻苦读书最后成才的故事,你为什么不向他们学习呢?聪明加努力,才更容易成功啊。"

司马光听了暗暗下决心,要像那些勤奋的古人一样勤奋读书。但是,如

何叫醒自己呢？司马光眼珠子一转，又想出一个办法来。他找来一段圆木，每天晚上就枕在上面，只要一翻身，圆木就会滚动。木头一滚动，人就跟着醒了。司马光给这个木枕起了个名字，叫警枕。

刚开始用警枕的时候，司马光很不习惯，晚上会醒来好几次，然后每天早上都会头昏脑涨的，但是这样坚持下来后，他再也没有晚起过。

寒来暑往，年复一年，司马光就这样坚持每天早起读书，终于成为一个学识渊博的大学者。

马上开学了，可是假期你已经习惯了晚睡晚起，怎么办？

暑假期间，因为不用早起，你每天都玩到很晚才睡觉，然后早上起得也很晚。眼看着要开学了，你一想到每天要早起就很头疼。这时，你可以尝试如下方法。

提前一个礼拜调整作息

作息习惯不是一天两天就能调整的，所以至少要提前一个礼拜开始调整，按照上学的时间调整作息，务必保证睡眠时间。

增加运动量，促进睡眠

因为假期养成了晚睡的习惯，所以刚开始会出现早睡困难的情况，这时就需要在白天增加一些运动量，累一点儿有利于入睡，还能提升睡眠质量。

高情商与社会能力的塑造

严晓萍 编著　九堆漫画 绘图

北京理工大学出版社

版权专有　侵权必究

图书在版编目（CIP）数据

立世：高情商与社会能力的塑造 / 严晓萍编著；九堆漫画绘图 . -- 北京：北京理工大学出版社，2023.12

（少年读中华家训）

ISBN 978-7-5763-3067-0

Ⅰ．①立… Ⅱ．①严… ②九… Ⅲ．①家庭道德—中国—少儿读物 Ⅳ．① B823.1-49

中国国家版本馆 CIP 数据核字（2023）第 210706 号

责任编辑：李慧智	文案编辑：李慧智
责任校对：王雅静	责任印制：施胜娟

出版发行 / 北京理工大学出版社有限责任公司
社　　址 / 北京市丰台区四合庄路 6 号
邮　　编 / 100070
电　　话 /（010）68944451（大众售后服务热线）
　　　　　（010）68912824（大众售后服务热线）
网　　址 / http://www.bitpress.com.cn

版 印 次 / 2023 年 12 月第 1 版第 1 次印刷
印　　刷 / 三河市金元印装有限公司
开　　本 / 710 mm × 1000 mm　1/16
印　　张 / 9.5
字　　数 / 130 千字
定　　价 / 119.00 元（全 3 册）

图书出现印装质量问题，请拨打售后服务热线，负责调换

序

"勿以恶小而为之,勿以善小而不为。"

"一粥一饭,当思来之不易。"

"修身齐家,治国平天下。"

"勤俭当先,诗书第一。"

……

这些话,大多数都曾被我们的父母等长辈们用来教育我们,在潜移默化中影响着我们的所思、所行。这些话并不是长辈们信口开河,而是极具智慧的古人一代一代传承下来的经典家训。

所谓家训,是家族或家庭用于训诫、教育子弟后代的话,蕴含着丰富的中华传统文化思想,萃集了经各代先贤淬炼的哲理,其中很多内容至今仍是中国人修身、处世、治家、为学的珍贵宝典。还有很多名言佳句,在后世的家庭教育中被人们广为引用,起到了不可忽视的作用,亦被列入家训之列。

当我们在学习或生活中,遇到难题不敢去尝试,轻易就想放弃的时候,不妨想想清代彭端淑的话:"天下事有难易乎?为之,则难者亦易矣;不为,则易者亦难矣。"他告诉我们世上无难事,只怕有心人,鼓励我们克服困难,大胆前行。

在与人相处的过程中,难免会因为误会或者矛盾而受到伤害,这时,我们可以看看曾国藩在《曾国藩家书》中的话:"须从'恕'字痛下功夫,随时皆设身以处地。"他告诉我们要尝试宽恕别人的过失,不要因为一时冲动做出后悔莫及的事,随时站在别人的立场上考虑问题。

做人做事,要明白"君子和而不同,小人同而不和"的道理,与人和谐相处的同时,懂得坚持自己的原则。

对待父母,要懂得"孝当竭力,非徒养身。鸦有反哺之孝,羊知跪乳之恩",尽心竭力地孝顺父母。

关于交友,《孔子家语》中说:"与善人居,如入芝兰之室,久而不闻其香,即与之化矣;与不善人居,如入鲍鱼之肆,久而不闻其臭,亦与之化矣。是以君子必慎其所处者焉。"提醒我们选择朋友要慎重,远离品行恶劣的人。

古人在家风家训方面给我们留下了大量宝贵的精神财

富,比如西周时期有周公的《诫伯禽书》,三国时期有诸葛亮的《诫子书》《诫外甥书》,南北朝时期有颜之推的《颜氏家训》,宋代有朱熹的《朱子家训》,清代有朱柏庐的《朱子治家格言》、曾国藩的《曾国藩家书》,等等。还有《论语》《礼记》《弟子规》等,亦是适用于教育子孙后代的最佳"家训"。

"少年读中华家训"系列从这些经典的家训中精心遴选了105条,分为立品、立世、立志三个分册,都是与当今孩子的生活和成长息息相关的内容,力求培养孩子的好品格、好习惯,塑造孩子的高情商和社会能力,提升孩子的自主学习能力。每一条家训都以故事的形式进行阐释和解读,情节生动,语言简洁,让孩子们充分领悟到家训的精髓所在。另外,"古训今用"板块,将经典的古训与当今孩子的现实生活紧密联系,先提出孩子可能面临的问题,再结合家训的内容,以及实际情况,给出切实有效的指导方案。

一条条家训仿佛一颗颗历经了千百年风霜磨砺的明珠,

闪耀在我们的人生道路上,指引着我们前进的方向;又仿佛润物细无声的丝丝春雨,滋养我们的心灵,让我们在人生旅途上拥有披荆斩棘的力量。

今天,我们把这一颗颗明珠穿成珠串,把这一丝丝细雨织成雨帘,珍重地呈献在大家面前。希望孩子们能在课余时间,在几乎被电子产品填满的生活里,静下心来,聆听一下这些影响了一代又一代人的家训,感受一下中国传统文化的无穷魅力。

目录

德行广大而守以恭者,荣
/// 不要因为获得的成就和地位而骄傲 1

自谦则人愈服,自夸则人必疑我
/// 用谦虚的态度对待他人的不服气 5

有所期诺,纤毫必偿
/// 承诺的事情不能随意反悔 9

凡出言,信为先
/// 说话要真实可信,不能撒谎 13

事非宜,勿轻诺
/// 不合适的事情不要随意答应 17

己所不欲,勿施于人
/// 自己不愿意做的事不要强加给别人 21

三思而行,谨始慎终
/// 做事不能冲动,要充分考虑后果 25

海纳百川,有容乃大
/// 包容别人的不足,看到别人的闪光点 29

躬自厚而薄责于人
/// 要有容人之量,不苛责他人 33

宽厚清慎，犯而不校
/// 对人要宽容，不要有报复心 37

富贵不可遗故交
/// 无论贫穷富贵，都不能忘记朋友 41

君子淡如水，岁久情愈真
/// 真正的友谊不浓烈却很持久 45

君子和而不同
/// 与人相处不盲从，有主见 49

与善人居，如入芝兰之室
/// 慎重选择相处的人 53

随时皆设身以处地
/// 尝试站在别人的立场考虑问题 57

临事肯替别人想
/// 遇到事情尽可能替别人想一下 61

得意不宜再往
/// 凡事留有余地，不要得寸进尺 65

勿妒贤而嫉能
/// 不要因为忌妒做损人利己的事 69

不见利而起谋
/// 不要为了利益伤害他人 73

人有祸患，不可生喜幸心
/// 别人遭遇不幸，不能幸灾乐祸 77

毋因群疑而阻独见
/// 要有自己的想法，不受别人的影响 81

轻听发言，安知非人之谮诉
/// 不要轻信别人的话，要有自己的思考 85

可以律己，不可以绳人
/// 严格要求自己，但不强求别人 89

惟正己可以化人
/// 靠自身的影响力去改变别人 93

无求备于一人
/// 谁都有缺点，不能要求别人事事完美 97

爱人者人恒爱之
/// 爱护和帮助都是相互的 101

施而不奢，俭而不吝
/// 生活节俭但不吝于帮助别人 105

目录

自立立人，自达达人
/// 有能力的时候多帮助别人 109

扶人之危，周人之急
/// 帮助别人不是为了回报 113

孝当竭力，非徒养身
/// 要全心全意地孝敬父母 117

扬名于后世，以显父母
/// 最大的孝顺是让父母感到荣耀 121

老吾老以及人之老
/// 不仅要爱父母，也要关爱其他人 125

尊师以重道
/// 尊敬师长，听从教诲 129

礼义勿疏狂，逊让敦睦邻
/// 与邻居相处要礼让 133

见贫苦亲邻，须加温恤
/// 关心并帮助有困难的邻居 137

德行广大而守以恭者，荣

不要因为获得的成就和地位而骄傲

德行广大而守以恭者，荣①；土地博裕②而守以俭者，安；禄位尊盛③而守以卑者，贵。

——西周·周公《诫伯禽书》

▶▶ **注释**

① 荣：荣耀，高贵。
② 博裕：广阔富饶。
③ 禄位尊盛：官高位尊。

▶▶ **译文**

德行高尚又谦逊有礼的人，才能获得真正的荣耀；即便拥有广阔富饶的土地，也要保持节俭的生活方式，才能一直获得安定的生活；拥有很高的官位、很大的权力，却为人自律谦卑，才更显得尊贵。

谦恭有礼的周公

西周的时候,有一位很厉害的政治家,叫周公。他是周文王的儿子、周武王的弟弟。周公十分重视人才,虽然身居高位,但是对待人才十分谦恭有礼。

一天,周公难得有时间在家休息,夫人亲自下厨为他做了几道他最爱吃的菜。周公看着满桌的饭菜,刚把一口饭塞进嘴里,还没品尝出味道来,就听见下人进来报告:"大人,外面有人求见!"看到周公正在吃饭,下人犹豫了一下,"要不让他等一等?"

"别,我这就过去!"周公将口中没吃完的饭先吐了出来,嘴巴一抹,立即跟着下人来到会客厅。

来人是一位姓张的贤士,是来跟周公请教问题的。周公对于张贤士的问题一一耐心解答,同时还认真听取了张贤士关于政事上的一些建议。二人一聊就聊了好久。

送走张贤士,周公的肚子咕噜一响,这才想起还没吃饭。饭菜重新热了一下,又被端了上来。周公端起饭碗刚吃了一口,又听见下人来报:"大人,外面有人求见!"

周公把筷子一搁,又接待客人去了……这顿饭吃得很不顺利,前前后后来了三个人,桌上的菜热了又热。

等周公终于吃完饭,周公的儿子伯禽烧了一大锅水,准备给父亲洗头用。这是西周礼制规定的,晚辈每五天要为父母洗一次澡,每三天为父母洗一次头。

伯禽帮父亲放下原本扎起来的发束,先用水打湿,又涂上了传统洗发液——皂角,刚揉出泡沫,就又听下人来报:"大人,有人找您!"

周公生怕怠慢了客人,将头发一拧,握在手里,然后顶着一头泡沫就跟下人走了出去。

无巧不成书，这一天，几个贤士像是约好了似的，一个接一个上门，周公洗个头，居然也是来来回回洗了三次才完成。

周公最后一次回到屋里洗头的时候，儿子伯禽的小嘴噘得老高："父亲，您的地位高高在上，很多人都要看您的脸色行事。您吃饭、洗头的时候，为什么就不能让他们等一会儿呢？"

周公回答说："德行高尚又谦逊有礼的人，才能获得真正的荣耀。拥有很高的官位、很大的权力，却为人自律谦卑，才更显得尊贵啊。"

考了第一名，忍不住骄傲，怎么办？

考试考了第一名，老师表扬你，同学羡慕你，甚至爸爸妈妈还会奖励你。在这种情况下，你难免会有些骄傲。这时，不妨给自己安上两个"刹车键"。

第一个刹车键：设定骄傲的时限

比如只允许骄傲一天。这一天可以不用学习，或者获得一个小礼物，让自己享受一下阶段性成功带来的喜悦。

第二个刹车键：准备一本错题集

把每次测试、练习时做错的题都写到错题集里，经常翻出来看看，就会发现自己还有很多不足。如果不及时弥补，就随时会被超越。

自谦则人愈服，自夸则人必疑我

用谦虚的态度对待他人的不服气

自谦则人愈服①，自夸则人必疑我，恭②可以平③人之怒气。

——清·申涵光《荆园小语》

▶▶ 注释

① 服：敬服。
② 恭：谦恭。
③ 平：平息。

▶▶ 译文

为人越谦虚，别人越信服。自我夸耀，反而会让别人怀疑。表现得谦恭有礼可以平息别人的怒气。

廉颇负荆请罪

战国末期,秦国成为实力最强大的霸主。秦昭王听说赵惠文王得到一块绝美的和氏璧,就写信给赵惠文王,表示愿意用十五座城池来交换和氏璧。赵惠文王深知秦昭王根本就是想强求宝物,却不敢拒绝,只好命蔺相如带着和氏璧去秦国谈判。蔺相如在宫殿上与秦昭王机智周旋,最终完璧归赵。

蔺相如回到赵国后,赵惠文王对蔺相如大为赏识,并升他为上卿,官职在大将军廉颇之上。

廉颇乃赵国第一猛将,屡建战功。看到之前名不见经传的蔺相如位列自己之上,廉颇大为恼火:"为赵国出生入死、立下汗马功劳的人是我。这个蔺相如,不过是凭三寸不烂之舌说些大话就位居我之上,没有这个道理!下次我遇见他,一定要他好看!"

廉颇的话很快就传到了蔺相如耳中。之后,每次与廉颇相遇,蔺相如都尽量避免和他产生分歧。路上看到廉颇的马车,蔺相如远远地就让自己的马车避让到一旁。

蔺相如的做法让他的门客们很是不解:"上卿为何对廉将军如此忍让,难道上卿惧怕大将军?我等实在想不通!"

蔺相如耐心地对门客们解释道:"秦国如此强大霸道却一直不敢侵犯我们赵国,你们知道是为什么吗?因为赵国武有勇猛善战的廉颇将军,文有我蔺相如。如果我和廉颇将军不和,把心思全放在对付对方的私事上,我们赵国岂不是会乱成一团?那个时候,秦国势必会伺机而动,我们赵国就危险了。身为赵国的臣民,怎能因为个人的私怨就置国家的安危于不顾呢?"

廉颇听说蔺相如对门客们说的这番话后,感到非常羞愧。第二天一早,廉颇脱下官服,赤着上身把几根荆条绑在背上,径直朝蔺相如府邸走去。

街市上人来人往,纷纷向廉颇投去好奇的眼光,大家小声议论、猜测:"平日里威风凛凛、不可一世的大将军这是要做什么?"

只见廉颇来到蔺相如府邸外，毫不犹豫地单膝跪地，朗声喊道："廉颇来向蔺大人请罪！"

"将军不必如此，快快请起！"蔺相如闻声快步出门，边说边扶起廉颇，帮他解下背上的荆条，还拿了件衣服替廉颇披上。

蔺相如和廉颇紧紧握着手，相携走进室内。经过一番倾心畅谈，二人大有相见恨晚之意，此后更是成为生死与共的好友。

你被选为学习委员，有同学不服气，怎么办？

你因为成绩优秀被选为学习委员，可有同学认为你某些方面不如他，很是不服气。这时，你可以尝试做到两个"保持"。

保持谦虚的态度

别把班干部当成一种特权，要积极地担负起学习委员的职责。用心服务同学的同时，不骄傲不自大，虚心地向同学请教、学习，以弥补自己的不足。

保持积极学习的状态

作为班干部在学习上要起到带头的作用，不能因为一时的成绩好就骄傲自满，要不断努力，做同学们学习的榜样。

有所期诺,纤毫必偿

承诺的事情不能随意反悔

有所期①诺,纤毫②必偿③;有所期约,时刻不易④。

——宋·袁采《袁氏世范》

▶▶ 注释

①期:约定的时间。

②纤毫:一丝一毫。

③偿:偿还,兑现。

④易:改变。

▶▶ 译文

承诺的事情,哪怕一丝一毫都要去兑现。约定的时间,一分一秒都不要延误。

曾参杀猪教子

　　春秋末年,鲁国南武城有个叫曾参的人。曾参十六岁时拜孔子为师,因为勤奋好学又聪颖,深受孔子的喜爱和重视,成为孔子门生中的"七十二贤"之一,人称"曾子"。

　　曾参不仅学问很大,也十分注重自我的品德修养。在教育孩子的问题上,曾参更是以身作则。

　　有一年,曾参的儿子过生日。曾参和妻子十分疼爱儿子,儿子的生日当然要好好准备一下。曾参的妻子一早起床,准备去集市上采买一些东西,回来为儿子庆祝生日。

　　曾参的儿子平时一向很乖巧,这天作为小寿星,却有些缠人。

　　"娘,我也要去,我也要去。"儿子拉住母亲的衣角,闹着要去集市。

　　"乖儿子,娘今天要去买很多东西,下次去带上你,可以吗?"曾参的妻子摸着儿子的头,安抚道。

　　"不要嘛!我要去玩!"儿子拉着衣角的手攥得更紧了。

　　"那娘给你买礼物回来,可好?"

　　"不好,不好,我要自己亲自去挑选。"儿子仍然不肯松手。

　　曾参的妻子一时不知道如何是好,刚好抬头看到猪圈的猪,随口说道:"如果你现在乖乖听话,等母亲回来就给你杀猪炖肉吃。"

　　听到母亲的话,儿子立刻不闹了,高兴地说道:"真的吗?我最喜欢吃炖肉了!那母亲你要快去快回。"

　　曾参的妻子当然不是真的要杀猪给儿子,为了安抚儿子,特意从集市上买了一个小玩具。

　　谁知,当曾参的妻子急匆匆地从集市赶回家时,看到曾参正忙着磨刀。妻子不解地问:"你这是要做什么?"

　　"当然是杀猪!你出门前不是答应儿子要把猪杀了,给他炖肉吃吗?"

曾参认真地答道。

"哎呀！那是我哄他玩的，不然，他就非要跟着我出门。咱这猪可是要等过年才杀的。"

"那怎么行？孩子在成长过程中，一言一行都会受到父母的影响。你承诺孩子的事就不能反悔，反悔就是在骗他。现在你欺骗他，跟他撒谎，就是在教孩子欺骗，教孩子撒谎，以后他还如何相信你？为人父母，怎么能失信于自己的孩子呢？"曾参严肃地说。

听了曾参的话，妻子惭愧地说："这是我的疏忽，确实不能这样引导孩子。"说完，她帮着曾参一起把猪杀了，亲手为儿子做了一顿美味的炖肉。

承诺的事情，想反悔怎么办？

跟朋友打赌，输了就要送给对方自己心爱的玩具。结果你输了，可又舍不得交出玩具了。这时，你需要两个"反思"。

反思不该失信

做一张小卡牌，写上"诚信"两个字。时刻告诫自己，诚信是无价的，玩具没了可以再买，但诚信没了，再找回来就费劲了。

反思不该轻易承诺

在做任何承诺前，应该想清楚是否能够兑现。得到肯定的答案，再去许诺。不能因为一时考虑不周，做出难以兑现的承诺，最终使自己成为失信之人。

凡出言，信为先

说话要真实可信，不能撒谎

凡出言，信①为先，诈②与妄③，奚可焉？

——清·李毓秀《弟子规》

▶▶ **注释**

①信：可信，诚信。
②诈：欺骗。
③妄：说大话。

▶▶ **译文**

凡是说出来的话，首先要是真实可信的。欺骗人的谎话和大话，怎么可以说呢？

商鞅立木为信

战国时期的卫国，有一个名叫商鞅的人，才智过人。他原本是魏国宰相公叔痤的门客，后被引荐给魏王，但魏王始终没有重用他。这时候，正值秦孝公大肆招揽人才，商鞅便离开魏国，来到秦国。

商鞅辗转找到秦孝公的宠臣景监，景监将他引荐给了秦孝公。

秦孝公想考验一下商鞅的才能，便问他如何治理好一个国家。

商鞅说："一个国家要强大，就要推行改革，必须重视农业和军事，并且赏罚分明。而改革需要先建立朝廷的威信，一旦威信建立起来，改革就能顺利进行了。"

秦孝公非常赞同商鞅的主张，就将改革的事宜交由商鞅负责。

商鞅起草了一份新法令，里面有很多奖励农耕的措施，对百姓非常有利。但是，商鞅担心百姓因为不相信法令的真实性而不去认真执行。

于是，商鞅想了一个办法。他命人在城门口立了一根三丈高的木头，并发布告示说："如果有人把这根木头扛到北门去，就赏十金。"

简简单单扛一根木头就能得到十金？百姓都觉得这是一件不可能的事情，因此大家都围在城门口看热闹，却没人去行动。

一个上午过去了，守城的士兵将没人扛木头的事情汇报给了商鞅。商鞅淡然一笑，说："重赏之下必有勇夫。把赏金增加到五十金。"

五十金赏金的消息传了出去，围观的百姓越来越多，却仍然没有人站出来。

眼看太阳都要落山了，就在大家准备散场的时候，人群中走出来一个年轻人，径直走到木头旁，说："我把它扛过去。"

"哈哈，这个傻年轻人，真的太异想天开了。"

"人家逗你玩呢！扛个木头就赏金五十金，这不是笑话吗？"

"年轻人，快别上当了。"

大伙七嘴八舌地说着，年轻人只说了一句"扛一根木头而已，又不损失什么"，就扛起木头大步朝北门走去。

年轻人来到北门，刚放下木头，就见一个士卒走了过来，说道："左庶长命你前去领赏金！"

不一会儿，年轻人出来了，手里果然捧着五十金赏金。

这下，看热闹的人群炸开了锅："原来，左庶长当真一言九鼎！"

商鞅趁势公布了赏罚分明的新法，无论百姓还是朝廷官员，无一不遵守，无一不执行。商鞅变法之后，秦国的农业和军事越发强大起来，为统一六国打下了坚实的基础。

做错了事情怕妈妈批评，怎么办？

妈妈生日的时候买了一管昂贵的口红，被你不小心弄断了。你很怕被妈妈批评，不知道该怎么办。这时，你要认清两件事。

谎言总会被揭穿

弄坏东西本身就是一个错误，如果再撒谎，就是错上加错，可能会面临更严重的责罚。而且谎言总会被拆穿，与其被发现，不如主动承认。

不能逃避责任

每个人都要为自己的错误"买单"。比如你可以用零花钱赔妈妈一管口红或者别的东西，让妈妈看到你的责任和担当比什么都重要。

事非宜，勿轻诺

不合适的事情不要随意答应

事非宜①，勿轻②诺。苟③轻诺，进退④错。

——清·李毓秀《弟子规》

▶▶ **注释**

① 宜：适宜，合理。

② 轻：草率，随意。

③ 苟：假如，如果。

④ 进退：做或者不做。

▶▶ **译文**

如果别人要求的事不合理，就不要轻易允诺。如果随便允诺了，无论做或者不做，都是我们的错。

子路拒保叛臣

春秋时期，鲁国与小邾国相邻。小邾国地盘小，实力弱，鲁国一直在暗地里谋划，伺机吞并小邾国，扩大领土范围。

小邾国有个非常精明的臣子，名叫射，他早就知晓鲁国的意图，也深知小邾国是不可能战胜鲁国的。他不想因两国战争丢了性命，所以决定投靠鲁国。为了表示自己的诚意，射打算将句绎这个地方敬献给鲁国。

射亲自去鲁国谈判，鲁国的权臣季康子接待了他。

季康子很满意射的诚意，安抚射说："放心吧，鲁国愿意为此盟誓，你尽管安心待在鲁国。"

没想到，射竟然摇摇头："我不需要鲁国的盟誓，我的要求很简单，只要子路为此事做担保即可。"

子路是孔子的学生，孔门"十哲"之一，也是孔门"七十二贤"之一。他生性侠义，勇毅过人，为人耿直，从来都是一言九鼎。

季康子答应了射的要求，派冉有去找子路，商量担保的事。

冉有也是孔子的学生，同样是孔门"七十二贤"之一，此时正在季康子手下做官。冉有觉得这是一件非常简单的事，当即去见子路。

冉有跟子路的关系很亲密，也知道子路是一个很仗义的人，所以他来到子路家，也没拐弯抹角，直接说了小邾国的射请求担保的事。

没想到，子路想都没想就拒绝道："不行，这件事我没办法答应。"

冉有奇怪地问子路："你为何不答应这件事？难道是嫌弃射是弱小国家臣子的身份吗？小邾国虽然小，但也是一个拥有一千辆战车的国家，射带着城池前来投诚，却不相信鲁国的盟誓，只愿意相信你个人的担保，这对你来说难道不是莫大的荣耀和骄傲吗？"

子路摇摇头，正色道："如果鲁国与小邾国之间发生战争，我必不会去追问战事的起因，只会奋起为国而战，即使是战死在沙场，也心甘情愿。小

郱国的这个人却在国家危亡的关键时刻，选择背叛自己的国家，投奔到敌国来，对于小郱国来说，他就是个叛臣！如果我为他担保，就是在赞成他的叛变行为，也就是把一件不正义的事当成正义的事来做。这样的事，无论如何我都做不到！"

冉有觉得子路说得很有道理，便不再强求。当冉有把子路的话带给季康子和射时，季康子被子路的正直和侠义所感动，而射被说得面红耳赤，羞愧万分。

好朋友和别人打架，让你帮忙，怎么办？

你和好朋友经常在生活和学习上互帮互助。一天，好朋友和同学因一点儿小事动起手来，并喊你帮忙。这时，你需要发出两个冷静"指令"。

指令一：让自己保持冷静

打架是一件很不文明的事情，你要冷静地认识到，帮忙打架并不是真正的帮助，而是助长不文明行为。你可以尝试劝阻他们，也可以去找老师、家长帮忙。

指令二：让好友保持冷静

打架很多时候都是因为一时冲动，并不是因为什么大不了的事情。你可以尽可能把好朋友带离打架的现场，让他冷静一下，以免产生更严重的后果。

己所不欲，勿施于人

自己不愿意做的事不要强加给别人

己所不欲①，勿②施③于人。行有不得，反求④诸己。

——宋·朱熹《白鹿洞书院学规》

▶▶ **注释**

①欲：愿意。

②勿：不要。

③施：施加，给。

④求：寻求，探求。

▶▶ **译文**

自己都不愿意做的事情，更不要强加给别人。做一件事没有达到预期的目标，要从自身找原因。

白圭治水

　　战国时期，魏惠王的相国白圭很有政治才能，在他的辅佐下，魏国被治理得井井有条。白圭还有一个本事，就是擅修水利。

　　魏国的都城大梁，地处黄河流域，大梁的百姓时常遭受到黄河水患的危害。魏惠王为此很是头疼。

　　有一天，白圭来拜见魏惠王，出主意说："大王，只要我们筑高河堤，自然就能阻止黄河水泛滥到我大梁境内。"

　　魏惠王觉得这个主意非常好，当即下令，派河道官员带领河工修筑河堤。

　　白圭不放心河堤的质量，亲自去巡堤。他来到河道旁，看到河道官员正带着河工们认真地按照他制定的方案修筑河堤。

　　工程进展得很快，白圭丝毫不敢懈怠。突然，他发现堤坝上有一处白蚁洞穴，立刻吩咐道："这里要拆除重修！"

　　"只是一处小小的白蚁窝，不妨事的。河工们千辛万苦修筑起来的堤坝，说拆就拆，怎么忍心呢？"河道官员劝阻道。

　　"拆不得，拆不得，这样反复拆来拆去，谁还愿意干呢？"河工们也不愿意拆除他们夜以继日赶工建起来的堤坝。

　　"千里之堤，毁于蚁穴！"白圭坚持要拆除有白蚁洞穴的堤坝，重新修筑，以绝后患。河工们无奈，只好重新修筑。

　　有了坚固又高大的河堤，魏国境内的水患果然大大减少了。百姓都称赞白圭是治水专家，白圭也觉得自己治水有方，甚至比大禹都强。

　　有一天，白圭遇到了孟子，二人谈起治水的问题。

　　白圭很骄傲地说："大禹治水，费时费力。我的治水方法比他强多了，简单又有效。"

　　孟子听了白圭的话，长叹一声，说："我早就想跟你聊一下治水的问题，既然你主动谈起，我也说说我的看法。没错，大禹治水是用了十几年时间，

也耗费了很多人力物力，但是，他是遵循水的特性疏导河水流向大海，是以大海为壑，不让水患祸害各方百姓。这说明他的心里装的不仅仅是自己管辖范围内的百姓，而是全天下百姓的安危。而相国你呢？你不希望魏国的百姓遭受水患，就加高堤坝，把泛滥的河水引向别处，可曾想过周边其他地区百姓的安危呢？"

孟子的话，让白圭觉得惭愧万分，从此，他再也不提自己治水有方、胜过大禹的话了。

你觉得劳动又脏又累，同学又拒绝帮忙，怎么办？

学校组织全校大扫除，老师把你分到倒垃圾小组，你嫌又脏又累，想让同组的同学代劳，却被拒绝了。这时，你需要有两个正确的"认识"。

认识一：劳动是你的责任

无论在家里，还是在学校，在你有劳动能力的时候，都要参与到劳动中，这是必须承担的责任，也是一种美德，你不能逃避。

认识二：你不喜欢做的事情，别人也未必喜欢

你不喜欢劳动，不代表别的同学就喜欢，所以不能把自己都不愿意做的事情强加给别人。大家都是平等的，别人能做到不怕脏和累，你为什么不能做到呢？

三思而行,谨始慎终

做事不能冲动,要充分考虑后果

三思①而行,谨②始慎终;深思熟虑,慎者受益。

——清·曾国藩《三十六字诀》

注释

① 三思:多思考。
② 谨:谨慎。

译文

做事之前多加思考,行动的时候从始至终都要保持谨慎。凡事要深入细致地考虑,谨慎行动的人才能有所收获。

宋襄公之死

春秋时期，宋国的国君宋襄公想成为继齐桓公之后的一代霸主。于是，他起兵攻打郑国。郑国国力、兵力都不敌宋国，在宋军的进攻下，不堪一击，很快就一败涂地。危急关头，郑国向邻国楚国求助。

楚国国君深知"唇亡齿寒"的道理，立刻派出骁勇善战的大将军成得臣率大军支援郑国。

楚国的加入让宋国有些抵挡不住，宋襄公担心他们趁机攻打宋国，急忙下令撤军。谁知，宋军回国的途中，在泓水遭遇楚国大军。两军隔河对峙，战事一触即发。

宋国的大司马公孙固为人非常谨慎，向宋襄公提议："主君，楚国原本就兵强马壮，又和郑国联手，我们如何能与之正面对抗？我们不如派人前去议和，还可保住宋国的安宁。"

可是，宋襄公完全听不进去，愤怒地说道："放肆！我宋国刚刚大败郑国，正是士气高涨之时，大司马却在此刻建议议和，这不是在长楚国的志气，灭宋国的威风吗？楚国强大，我宋国也不弱，谁说我们一定会失败呢？"

公孙固担心宋襄公的一意孤行会让宋国陷入不可挽回的危机，于是冒着被定罪的危险，继续进言道："主君，要三思啊！宋国与郑国对战虽然大获全胜，但也损失不小，此时急需休整。这个时候再去对阵粮草充足、兵力精锐的楚军，无异于以卵击石啊！"

"我一定要乘胜追击！大司马休要再啰唆！"此时的宋襄公被打败郑国的胜利冲昏了头脑，坚持要带兵应战。

这时，楚军在泓水对岸高声呐喊，要将宋军杀个片甲不留。楚军的挑衅，更加激起宋襄公的斗志。他甚至不顾宋国上卿司马子鱼的劝说，一定要等楚军渡过泓水后与之正面对抗，短兵相接。

"主君，我军若不能抓住楚军渡河时的混乱趋势进攻，到时候就很难招

架楚军的正面攻击了。"司马子鱼劝谏道。

可宋襄公根本不听任何意见，不但要等到楚军渡过河来，还给了楚军足够的时间排兵布阵，以彰显宋军的实力。

渡过泓水、布好阵的楚军以排山倒海之势向宋军冲杀过来，吼声震天！而急需休整的宋军在楚军的猛烈进攻下溃不成军，损失惨重。混乱中，宋襄公不幸中箭。

宋襄公最后虽然逃回了宋国，却因内心悲愤，加上伤势过重，没多久就去世了。

有人骂你，你很生气，想打人，怎么办？

你不小心撞到了一名邻班的同学，尽管你道歉了，他还是用难听的话骂你。你很生气，恨不得揍他一顿。这时，你要给自己按下两个"暂停键"。

暂停键一：告诫自己不要冲动行事

打架从来就不是解决问题的办法，本来是小事，也会因为打架引发更大的矛盾，甚至是伤害。这时，可以深呼吸几次，让自己冷静下来。

暂停键二：冷静地解决问题

遇到这种情况，生气是很正常的。你可以大声地表达自己的愤怒，要求对方向你道歉；也可以跟老师沟通这件事，由老师帮助解决。

海纳百川，有容乃大

包容别人的不足，看到别人的闪光点

海纳①百川，有容乃大；壁立②千仞③，无欲则刚。

——清·林则徐

▶▶ 注释

① 纳：容纳，包容。
② 壁立：像墙壁一样陡立。
③ 仞：古时的长度单位，一仞长七八尺。

▶▶ 译文

大海因为有宽广的胸怀，才能容纳下千百条河流；岩壁巍然挺立，高耸千丈，是因为它内心没有私欲。

管鲍之交

春秋时期的齐国,有一对好朋友——管仲和鲍叔牙。鲍叔牙家境富裕,管仲家境贫寒。为了生计,管仲拉着鲍叔牙一起做生意,想赚点儿钱。可每次分红的时候,管仲总是拿得比鲍叔牙多,鲍叔牙却从来不和管仲计较。

"那个管仲分明总是占你的便宜,你不知道吗?"鲍叔牙的朋友看不惯管仲的行为,替鲍叔牙抱不平。

鲍叔牙回答说:"这有什么关系呢?管仲家境贫寒,还有一个老母亲要侍奉,他多拿一点儿,无非是想让母亲过得好一些。像他这样有才能的人会如此做,实在是不得已而为之啊。"

"他有才？我看他吹牛倒是有一套！三次做官都被贬黜，替你办事就没有一次能办成的。几次参加战争，打败了就跑。这样的胆小鬼，还能有什么本事？"

"那是你还不了解管仲，他是位大才之士，只不过暂时没遇到赏识他的君主，还欠缺一个机会而已。至于逃跑，他也是害怕无人侍奉母亲，才会想着保全自己。"

尽管管仲和鲍叔牙在政治上有些看法不同，但鲍叔牙始终相信管仲的才能，坚信管仲总有一天会做出一番大事业。

齐襄公后期，鲍叔牙选择辅佐公子小白，管仲则辅佐公子纠。为了帮助公子纠争夺王位，管仲曾想射杀公子小白，结果失败了。最终公子小白登上王位，成为齐国的君主，就是齐桓公。

齐桓公杀了公子纠，同时把管仲投到狱中。

鲍叔牙不断在齐桓公面前替管仲求情，还力荐管仲："主公，管仲有经

天纬地之才、气吞山河之志，与他相比，我自愧不如。当初他想射杀您，只不过出于他作为公子纠臣子的本分。这样一位忠君护主的臣子，若是得到您的重用，他一定会用自己的才干帮您完成霸业的！"

齐桓公听从了鲍叔牙的劝告，不仅将管仲从牢里放出来，还委以重任。管仲也没有辜负鲍叔牙的推荐和齐桓公的信任。他在齐国内部大力推行改革，整顿朝纲；对外号召尊王攘夷，九合诸侯，将齐国推向春秋五霸之首。后人称管仲为"华夏第一相"。

管仲的才华和抱负终于得以施展，作为朋友，鲍叔牙比谁都高兴。

管仲常常感慨说："鲍叔牙对我的包容和帮助是我的亲人都不及的。生我者父母，而知我者唯有鲍叔牙也！"

好朋友很爱占便宜，让你很不舒服，怎么办？

你觉得好朋友总是占你的便宜，比如从来不带彩笔，使用你的；很少买书，一直借你的书看，这让你的心里很不舒服。对此，你可以尝试两个"沟通"。

与自己沟通

每个人都有优点和缺点，包括你自己。不妨想想，自己是不是也有什么缺点正被好朋友所包容？同时尝试发现好朋友更多的优点。这会让你以更宽容的心态对待他的缺点。

与好朋友沟通

如果你没办法实现自我调节，不妨坦白地跟好朋友说出你的感受，并主动帮助好朋友解决一些问题，比如及时提醒他带彩笔，等等。

躬自厚而薄责于人

要有容人之量，不苛责他人

雅量虽由于性①生，然亦特学力以养②之，惟以圣贤律己，躬③自厚而薄④责于人，则度量闳⑤深矣。

——清·曾国藩《曾国藩家书》

▶▶ 注释

① 性：天性。
② 养：培养。
③ 躬：自身。
④ 薄：少。
⑤ 闳：宏大。

▶▶ 译文

一个人的宽宏度量往往源于天性，不过也可以通过后天学习培养。只要以圣贤的标准要求自己，不断提升自我修养且尽可能不去苛责别人，那么度量就会越来越大。

有容人之量的李世民

唐朝建立不久,唐高祖李渊立长子李建成为太子。屡建战功的次子李世民内心不服,为争夺皇位,他一直在暗中运筹帷幄。

太子李建成身边有一位谋略过人的谋士叫魏征,他深知手握兵权、战功赫赫的李世民是最有可能危及太子地位的皇子,于是多次帮李建成出谋划策,削弱李世民手中的兵权,甚至建议太子除掉李世民。但李建成优柔寡断,没有第一时间除掉李世民。结果,李世民占得先机,发动了历史上著名的"玄武门之变"。李建成和李元吉的势力被消灭殆尽,李建成和李元吉则双双毙命。

作为李建成的重要谋臣——魏征却没有被处死,只是被收押。

李世民问魏征:"为什么要建议李建成除掉我?"

魏征面无惧色,坦然回答说:"人各为其主,只可惜太子不听劝,才会落得如此下场。"

李世民很欣赏魏征的胆识、坦荡和智慧,非但不计前仇,在登基后,还重用了魏征。

唐太宗李世民登基不久,就准备征兵扩充军队,而当时因常年战乱,适龄的男丁不多,时任尚书右仆射的封德彝建议将征兵范围扩大到中年男性。唐太宗认为此建议可行,却遭到魏征的强烈反对。

唐太宗非常生气,斥责魏征不懂变通。魏征说道:"军队兵力精壮,训练刻苦,指挥得当,就算人数不多,也可以所向披靡。若将老弱者都征来充数,又有何战斗力可言?而且,这样还会令百姓怨声载道。难道陛下已经准备失信于民了吗?"

魏征的一席话让唐太宗顿时醒悟过来,他不但没有责罚魏征,还深刻反省了一番。

魏征不仅在朝堂上敢于就大事向唐太宗直谏,在日常生活中的一些小事

上，也会时时提醒唐太宗。

有一回，一个大臣送给唐太宗一只鹞子。这只鹞子又漂亮又可爱，唐太宗非常喜欢，便一直逗着鹞子飞上飞下。没想到，他正在兴头上，魏征来了。唐太宗生怕魏征说他玩物丧志，慌忙把鹞子塞进袖子里，准备等魏征走后再放出来。

魏征早就看到唐太宗在干什么，所以故意和唐太宗说了很久的话。唐太宗耐着性子听完魏征的奏报，等魏征告退，赶紧把鹞子从袖子里拿出来，然而，可怜的鹞子已经被闷死了。

唐太宗纵然有些遗憾失去了这样的乐趣，却很理解魏征"一心为主、一心为社稷"的心态，当然舍不得责罚他。

好朋友弄坏了你的生日礼物，怎么办？

好朋友不小心把你借给他的书弄掉了一页，那可是爸爸送给你的生日礼物，你非常心疼。这时，你可以抓住两个"机会"。

表达真实情绪的机会

与朋友相处要坦诚以待，所以你完全可以直接表达自己对这件事情的想法和不开心，及时沟通，才能及时地解决问题，更有利于你们的友谊发展。

给朋友弥补的机会

虽然生日礼物很珍贵，但既然已经坏了，与其揪住好朋友的错误不放，影响你们的友谊，不如给他一个机会，和他商量出解决问题的办法。

宽厚清慎，犯而不挍

对人要宽容，不要有报复心

宽厚清慎①，犯而不挍②。

——宋·司马光《资治通鉴》

注释

① 清慎：清正持重。
② 挍（jiào）：古同"校"，报复。

译文

待人要宽恕仁厚，清正持重，即使有人冒犯了自己，也不要有报复心。

瓜苗外交

战国时期，楚国与梁国是邻国，两国在边境线上分别搭建了界亭，两国负责守卫边界的士卒就住在各自的界亭里。

有一年春天，两国士卒不约而同地都在各自界亭边的空地上种了甜瓜。梁国的士卒非常勤劳，当瓜苗钻出地面后，他们就制定了值班表，每天都有专人去瓜田照看瓜苗，浇水、施肥、捉虫、除草，从不间断。

而楚国界亭边的瓜田里，杂草丛生，瓜苗又细又矮，蔫巴巴的。因为楚国的士卒每天除了站岗值班，就是喝酒睡觉，很少有人去照看瓜田。

楚国的士卒们都说："瓜苗只要有日照雨淋就能生长，哪里用得着咱们去操心呢？"

时间一天天过去，梁、楚两国的瓜田差别越来越大：梁国的瓜苗已经长成了成片的瓜秧，而楚国的瓜苗又黄又稀，眼看着就要蔫死了。

"明明是一起播下的瓜种，为什么他们的瓜苗长得这么好？难道是土壤不同？真是气人！"楚国的士卒很不服气，于是，趁着夜深人静，来到梁国界亭边的瓜田里，把瓜秧子胡扯乱踩了一通。

第二天一早，梁国的士卒发现瓜田一片狼藉，将这件事报告给当地县令宋就，并气愤地说道："一定是楚国人干的！我们不能这样忍气吞声，今晚，我们就去拔掉他们的瓜苗！"

"楚国人这样做的确可恨！他们应该是忌妒我们的瓜苗好，才来搞破坏的。如果我们也去破坏他们的瓜田，岂不是跟他们一样了？而且报复来报复去的，什么时候是头呢？我们不妨换一种方式。他们不是忌妒咱们的瓜苗好吗？咱就大度点儿，帮帮他们，让他们的瓜苗也长好不就行了吗？"宋就苦口婆心地劝诫士卒，终于大家达成了一致。

从那天起，梁国的士卒每晚派人去打理楚国的瓜田。很快，楚国的士卒就发现自家瓜田里的瓜苗发生了明显的变化——越长越好。

"这是怎么回事？"楚国的士卒很疑惑。

直到有一天，两个起夜的士卒发现，几个梁国的士卒正在楚国的瓜田里给秧苗捉虫、浇水……

楚国的士卒把瓜田的事情报告给自己国家的县令，县令又汇报给楚王。楚王得知梁国人如此大度，以恩报怨，很是感动，特地备了一份厚礼送到梁国，表示感谢，同时表达歉意。从此，梁楚两国的关系越发融洽了。

昨天跟你吵架的同学，今天找你帮忙，怎么办？

昨天，你刚刚跟一个同学吵架，心想再也不理他了。结果今天他向你请教数学题，你不知道该不该去帮助他。这时，你可以问自己两个问题。

问题一：对于昨天的事，你今天还在生气吗？

同学之间吵吵闹闹在所难免，往往今天吵架，过两天就和好如初了。回想一下昨天的事情，估计你都快忘记吵架的原因了吧？还有什么值得生气的？

问题二：吵过架真的不能做朋友了吗？

仔细观察一下：你身边有谁是从来没和朋友吵过架、闹过别扭的？估计很少很少。如果都因为一点儿矛盾就放弃相处，那么估计就没有朋友存在了。

富贵不可遗故交

无论贫穷富贵，都不能忘记朋友

富贵不可遗①故交②，贫贱亦当存③旧谊。

——《毗陵庄氏族谱·训诫》

▶▶ 注释

① 遗：抛弃，遗忘。

② 故交：老朋友。

③ 存：保全，维持。

▶▶ 译文

功成名就之后，不能随意抛弃老朋友；身处贫穷时，也要维持彼此之间的友谊。

不忘老朋友的朱元璋

元朝时,有一位侠肝义胆的小商贩名叫田兴。他并不固定在某一个地方做生意,时常四处游走,顺便行侠仗义。

一年冬天,田兴来到颍州时突遇大雪,被迫滞留在颍州。有一天,田兴外出时,听到荒草丛中传出微弱的呻吟声。他扒开草丛,看到一个十七八岁的少年躺在那里,奄奄一息。田兴立刻将少年背到入住的客栈,还请来大夫为少年诊治。在田兴的悉心照料下,少年渐渐康复了。

少年非常感谢田兴的救命之恩,承诺道:"他日必当涌泉相报。"

田兴却不以为意,说道:"举手之劳,不用挂怀。"

这个少年不是别人,正是朱元璋。待朱元璋彻底康复后,田兴便与朱元璋各奔东西了。

后来,朱元璋参加了郭子兴的义军,因为谋略过人、勇毅非常,在义军中逐渐建立起威望。没想到朱元璋却因此受到郭子兴忌惮,遭受到排斥甚至陷害。

这时,与朱元璋十余年未见面的田兴出现了。田兴时常出入朱元璋的营帐,帮助他出谋划策。在田兴等人的助力下,朱元璋一步步夺取天下。田兴却在天下大定前夕,悄悄离开了。这一别,又是十余年不见踪影。

有一年,六合与来安县接壤的山区出现猛虎,不仅糟蹋了不少庄稼,还时常攻击百姓。当地官府多次带人上山捕杀,因为山高林密,始终没有成功。

就在官府手足无措的时候,有一位壮士进山捕虎,十日之内,捕杀了七只老虎。县令召见壮士,要对他论功行赏。壮士只是笑着摇头,不要赏金。

"请问壮士尊姓大名?"见壮士不肯领赏金,县令决定写奏折请示已经当上皇帝的朱元璋。

壮士回答说:"田兴!"

当朱元璋看到六合的奏报,又详细问清田兴的模样后,无比欣喜:"听

此人的形容与举动，必是朕的故人田兴也！"

朱元璋当上皇帝后，曾派人四处寻找田兴，还下诏书请田兴做官，但田兴始终杳无音信。这回田兴出现了，朱元璋不胜欢喜，让人传话给田兴，不会强迫他做官，只是叙旧；不谈国事，只论兄弟之情。

这一次，田兴终于进宫觐见了朱元璋。朱元璋像对兄长一样对待他，二人把酒言欢，谈天说地。

后来，田兴因病去世，朱元璋万分悲恸，亲自为他治丧。之后，朱元璋还下诏召田兴的儿子入朝为官，而田兴的儿子却谨遵父命，只愿在六合为民。

当上班干部后，你开始嫌弃朋友的成绩差，怎么办？

你终于如愿当上了学习委员，而你的朋友不仅不是班干部，成绩也比较差。你担心他影响你，不想和他一起玩了。这时，你需要有两个清醒的"认识"。

认识到友谊的本质

交朋友最应看重的是品性。成绩好与坏，从来不是选择朋友的标准，更不能因为自己有了进步，就轻易抛弃朋友，否则很难拥有真正的友谊。

发挥朋友的作用

作为朋友应该互相鼓励、互相帮助。你进步了，也要尝试帮助朋友一起进步，比如确定一个共同的目标激发他，也可以帮他补习功课，让他一点点跟上你的步伐。

君子淡如水，岁久情愈真

真正的友谊不浓烈却很持久

君子淡如水①，岁久情愈真②。小人口如蜜③，转眼如仇人。

——明·方孝孺《逊志斋集》

▶▶ **注释**

① 淡如水：像水一样平淡。
② 真：真诚，真挚。
③ 蜜：蜜糖。

▶▶ **译文**

君子之间的友谊，像水一样平淡，时间越长，情谊越真。小人之间的友谊，当面说话甜如蜜糖，转眼就像仇人一样。

两坛"美酒"

　　唐朝贞观年间，一贫如洗的薛仁贵与妻子住在一个破窑洞内。因为无田无地，薛仁贵夫妇只能靠打短工维持生计。可短工并不常有，所以夫妇俩经常饿肚子。薛仁贵家的破窑附近住着一家善良的农户——王茂生夫妇。王茂生夫妇其实过得也不富裕，却总是尽可能地接济薛仁贵夫妇。

　　有一年，唐太宗李世民准备亲征辽东，在全国范围内招募骁勇善战的军士。

　　薛仁贵的妻子鼓励薛仁贵说："陛下征兵，这是千载难逢的好机会，你一定要好好把握住。家里一切交给我，我全力支持你！"妻子如此深明大义，让薛仁贵没了后顾之忧，他毅然决然地报了名。

　　之后，薛仁贵跟随唐太宗征战辽东。在战事之中，薛仁贵展现出惊人的军事才华，为平辽立下汗马功劳。唐太宗大喜过望，提拔他为右领军中郎将。之后，薛仁贵所向披靡，屡立战功，职位一路高升。到唐高宗时，他被封为平阳郡公。

　　功成名就又深受皇帝信任的薛仁贵，备受文武百官的推崇，经常有人带着厚礼登门拜访。

　　有一天，薛仁贵收到一份特别的礼物——两坛美酒。送酒的人不是达官也不是显贵，而是曾经接济过他们夫妇的邻居王茂生。

　　多年之后再听到王茂生的名字，薛仁贵心里非常感动，马上吩咐随从打开酒坛。

　　见薛仁贵如此重视这份礼物，前来拜会的官员们也都凑上前来，想看看这两个坛子里装的究竟是什么美酒。

　　随从打开酒坛后，意外地没有闻到酒香，正不知所措，就听一名官员不满地喝道："啊？哪里来的大胆刁民，竟敢用清水戏弄王爷！此人定要重罚！"

其他官员也气愤地附和道："对，必须重罚！"

"取碗来！"没想到，薛仁贵不但不恼，反而面露喜色地大声吩咐道。

接过随从拿来的碗，薛仁贵率先从坛子里舀起一碗清水，大口大口喝起来，而且一连喝了三大碗。

放下碗，薛仁贵才缓缓说道："王兄是我落难时，经常帮助我的好兄弟，没有他们夫妇二人，我薛仁贵还不知道是否能有今天。王兄家本就贫寒，却硬是从牙缝里挤出粮食接济我们夫妇。他送来的清水，比美酒更甘醇！"

薛仁贵的一席话，让在场的每一个人都感慨万分。

好朋友过生日，你没钱买贵重的礼物，怎么办？

你最好的朋友要过生日了，其他同学都准备了精美的礼物，而你只能送他一张手制贺卡，很担心被好朋友嫌弃。这时，你需要两个"用心"。

用心制作贺卡

把贺卡尽可能制作得精美一些，同时写上最诚挚的祝福。要把自己的心意告诉好朋友，让他感受到你的情谊。

用心于平日的相处

两个人的友谊并不是一天两天建立的，所以最重要的不是生日这一天的表现，而是平时的相处，比如平时多关心、多帮助朋友，等等。

君子和而不同

与人相处不盲从,有主见

君子和①而不同②,小人同而不和。

——《论语》

>> 注释

① 和:不同的东西和谐地配合叫作和。各方面之间彼此不同。
② 同:相同的东西相加或与人相混同,叫作同。各方面之间完全相同。

>> 译文

君子能与人和谐相处,却不会人云亦云。小人一味地附和别人,却不会真正与人和谐相处。

王安石与司马光

  北宋时期，有两位名相分别是王安石与司马光，他们二人在政治上都很有主见，同时非常有才华。只不过，王安石是个锐意进取的改革家，司马光却是个保守派，对王安石推行的改革竭力反对。

  王安石从小聪颖异常，喜欢创新、打破常规。而司马光呢，非常勤奋好学，为人敦厚温顺，做事喜欢脚踏实地、循规蹈矩。

  同朝为官的王安石与司马光不仅性格迥异，还是政治上的宿敌，二人经常在朝堂上针锋相对，互相抨击对方的政治主张。

  王安石向皇上提出"治国之道，首先要确定革新方法"的改革思路，得到皇上的支持和赞赏。眼看着变法势在必行，时任宰相的司马光选择了隐退，王安石升任宰相。

  王安石当上宰相后，一些别有用心的人拿着司马光写的含有反对变法内容的墓志铭到他面前，想中伤司马光。没想到，王安石竟然把墓志铭小心地收藏了起来，还很欣赏地说："君实的文章真的写得太好了，我一定要好好拜读。"君实是司马光的字。

  有一天，皇上想知道王安石是如何评价政敌司马光的，问道："介甫，你认为君实是个什么样的人？"介甫是王安石的字。

  王安石回答："君实乃是栋梁之材，不仅品行高尚，还非常有学问，简直是德才兼备。我们虽然论事常有不合，但只是我们的理念不一样罢了。"

  王安石在皇帝的支持下，大力推行变法，改革颇有成效，国库逐渐充盈。但改革触犯到地主官僚阶层的利益，他们合力抨击王安石和他的变法。面对堆成山的弹劾王安石的折子，皇上支持变法的决心开始动摇了。

  最终，变法坚持不下去了。王安石索性退出了朝堂，司马光又重新回到宰相之位。

  王安石的失势，让他的众多反对者变本加厉地弹劾他。皇上彻底放弃了

对王安石的支持，打算降罪于王安石，安抚众人。

在下旨之前，皇上召见了司马光，想要听听他的意见。结果，皇帝并没有听到任何落井下石的言论，司马光反而真诚地说："介甫为人坦荡，德才兼备，对皇上的忠心天地可鉴。皇上切不可听信谗言。我与介甫虽然政见不一致，但目的都是想要为朝廷效力。"

皇上不由得感慨道："你们二人，都是真君子也！"

排练节目的时候，和好朋友发生了分歧，怎么办？

你和好朋友共同排练一个节目，但在一个细节上产生了分歧，你想坚持自己的想法，又担心影响你们的友谊。这时，你需要有两个清醒的认识。

认识一：朋友也要有自己独立的思想

朋友之间虽然经常会互相配合、谦让，但不代表事事都要达成一致。朋友也是独立的人，也需要有独立的看法，这与友谊是不冲突的。当然，发生分歧后要好好地沟通，以免产生不必要的误会。

认识二：客观对待问题

虽然是好朋友，但在解决问题的时候应该秉持公正、客观的态度，谁的意见更合理就采用谁的，这样才能更好地解决问题。

与善人居,如入芝兰之室

慎重选择相处的人

与善人①居②,如入芝兰之室,久而不闻其香,即与之化③矣;与不善人居,如入鲍鱼之肆④,久而不闻其臭,亦与之化矣。是以⑤君子必慎其所处者焉。

——汉·孔安国《孔子家语》

注释

① 善人:品德高尚的人。　② 居:居住,相邻。
③ 化:同化,影响。　　　④ 肆:店铺。
⑤ 是以:所以。

译文

和品德高尚的人在一起,就好像进入了有香草的房间,时间长了就闻不到其中的香味,自己的品行也会与之同化而变得高尚。和品行低劣的人在一起,就像进入了鱼市,时间长了就闻不到其中的臭味,自己的品行也会被其同化而变得低劣。所以,有道德有修养的人必须慎重选择和他相处的人。

孟母三迁

　　孟子很小的时候,他的父亲就去世了,是母亲靠给人家织布辛辛苦苦带大的他。

　　孟子从小聪颖机灵,学什么都特别快。孟母和孟子最开始住在偏远的郊外,附近有一片墓地。隔三岔五地,就会有送葬的队伍吹吹打打、哭哭啼啼地从他家门口经过,年幼的孟子总是饶有兴味地观望着,有时候还和邻居家的孩子一起跟在队伍后面有样学样。

　　有一天,孟母回家的时候,看到孟子和邻居的孩子们排着长队正在玩送葬的游戏。孟子打头,喇叭吹得起劲,后面的孩子有的假装撒纸钱,有的假装啼哭。

　　孟母当天便收拾东西,带着孟子搬到了菜市场附近。

　　孟母依然每天为生计忙碌,孟子就自己在市场上玩。有一天,孟子跑到肉市,看到屠夫正在杀猪。屠夫的手法利落干脆,很快就把一头整猪分解好,分类放在案板上。孟子特别感兴趣,常常跑去看。屠夫见他如此感兴趣,就收他做了小徒弟。

　　一天,孟母卖完麻布,想着孟子好久没吃肉了,就来到肉市。没想到,她竟然看到孟子在帮忙杀猪、卖肉。

　　孟母惊讶地问:"轲儿,你怎么在这里?"

　　"母亲,您来买肉吗?瞧,我也会杀猪、卖肉了!"孟子得意扬扬地晃了晃手中的刀,以为母亲会夸赞他能干。

　　孟母摇了摇头,心痛地拉着孟子回到了家,边收拾东西边说:"轲儿,咱们要搬家了,母亲找到一个更好的住处。"

　　这一次,孟母带着孟子搬到一所学堂旁边,学堂里琅琅的读书声吸引了孟子。每天,他都会跑到学堂边,站在窗外听先生讲学,听学生读书。

　　孟子学得很认真,有时候会忍不住跟着学堂里的学生一起大声朗读、

背诵。

学堂里的先生早就注意到这个"偷听"的孩子。

有一天,孟子正摇头晃脑地大声背诵文章的时候,先生走了出来,问道:"这些天,都是你在外面念书?"

"是的,先生!是我打搅到您了吗?"孟子羞涩地低下了头。

"没有没有,我只是想知道,你为什么每天都来这里?"

"我很喜欢读书,可是我家里……"孟子的脸都涨红了。

先生很喜欢这个爱读书的孩子,得知孟子家里没有钱,交不起学费,就免除了孟子的学费,让他免费进学堂读书。

从此以后,孟子更加努力地读书、学习,终于成为一代大儒。

身边的几个伙伴老喜欢说脏话,怎么办?

最近,你认识了几个新伙伴,跟他们玩得很开心。但你发现,他们经常会说脏话,你知道说脏话很不好。这时,你有两个"选择"。

选择一:尝试去改变他们

在染上说脏话的习惯之前,你可以试着去提醒他们。如果他们愿意去改变,也有所改变,你就可以继续与他们相处。

选择二:直接远离他们

所谓"近朱者赤,近墨者黑",和什么样的人待久了就会变成什么样子。所以,为了避免不必要的麻烦,还是早点儿远离他们为妙。

随时皆设身以处地

尝试站在别人的立场考虑问题

吾兄弟须从"恕①"字痛下功夫,随时皆设②身以处地。

——清·曾国藩《曾国藩家书》

▶▶ **注释**

① 恕:体谅,宽容。
② 设:假设,设想。

▶▶ **译文**

兄弟们都要在"恕"字上多下功夫,随时都能让自己站在别人的立场上去考虑问题。

冯谖帮孟尝君买"义"

　　战国时期赫赫有名的四公子之一齐国的孟尝君，是一位知人善任的人。他门下的食客多达数千人，其中有一个叫冯谖的人，一直没展现出什么才能。孟尝君府中的下人都觉得冯谖只会白吃白喝，对他很是怠慢。

　　有一天，感受到不公平对待的冯谖靠在廊下大声唱道："长铗归来兮，食无鱼！长铗归来兮，出无车！长铗归来兮，无以为家！"

　　下人们嫌弃冯谖一无所长还贪得无厌，都希望孟尝君赶他出门。

　　孟尝君却认为这是因为自己的安排不够妥当，命人严格按照其他门客的待遇对待冯谖。冯谖逢人就说："孟尝君仁义，待我和其他人一样！"

　　有一天，孟尝君把府中的食客召集起来，问："在座各位，有谁懂得处理账务？去帮我把封地的欠账收一下。"

　　"我可以去。"冯谖自告奋勇道，"请问公子，欠债收回后，需要我买些什么带回来吗？"

　　孟尝君说："有劳先生。至于买什么，您看府里缺什么就买什么吧！"

　　孟尝君的封地在偏远的薛邑。冯谖到了薛邑后，没有第一时间去收账，而是对当地的百姓的生活状况进行了一番了解。

　　之后，冯谖让当地官员把欠债的百姓召集起来，当众说道："孟尝君体恤各位乡亲生活艰辛，特命我来告知大家，之前的债务一笔勾销，绝不食言。"说完，他当着大家的面将账册烧毁了。

　　"孟尝君，真是恩人啊！"

　　"仁义啊！"百姓感动得大赞孟尝君的仁心仁德。

　　孟尝君得知冯谖擅自做主烧毁账册，免去百姓的债务，心里不太高兴。

　　冯谖说："公子，我用那些债款帮公子买了重要的东西。"

　　孟尝君很是好奇："你把百姓的债务都免除了，拿什么买东西？又买了什么？"

冯谖朗声说道:"公子您有所不知,您的封地又偏又远,当地的百姓生活艰辛,您不仅没有对他们多加关照,反而照样收取地租、税款。我看公子您的府上美酒佳肴、奴仆婢女、奇珍异宝样样齐全,就用那些债款替您买了尚有欠缺的'义'!"

孟尝君摇摇头,不置可否,却也没有怪罪冯谖。

没过多久,齐湣王因忌惮孟尝君,找了个借口将孟尝君驱逐出都城。孟尝君只好前往自己的封地薛邑。令孟尝君没想到的是,封地的百姓扶老携幼,早早等在离薛邑还有一百里的地方,夹道欢迎他的到来。

"先生替我买的'义',我看到了!"孟尝君非常感谢冯谖,从此对他委以重任。

好朋友突然大发脾气,你觉得他小题大做,怎么办?

你不小心弄坏了好朋友的自动铅笔,好朋友对你大发脾气,即便你说赔偿,也不肯原谅你。这时,你需要分两步来解决问题。

第一步:真诚地道歉

不管怎样,是你弄坏好朋友的东西在先,不能因为你觉得是小事就不了了之。要真诚地道歉,可以给好朋友一点儿时间,不要求他立刻原谅你。

第二步:站在他人立场思考问题

有时候对于你来说是小事,对于别人来说可能很重要。所以,要弄清好朋友发火的原因,比如这支笔是否有特殊的意义,然后跟好朋友商量解决问题的办法。

临事肯替别人想

遇到事情尽可能替别人想一下

临事肯替别人想,是第一等学问。凡有望^①于人者,必先思^②己之所施^③。凡有望于天者,必先思己之所作。

——清·史典《愿体集》

▶▶ 注释

① 望:期望。
② 思:反思。
③ 施:给予。

▶▶ 译文

遇到事情肯替别人着想,是天下第一等学问。凡是对人有所期望,必先要反思自己能付出什么。凡对天有所期望,必先要反思自己的行为。

为人着想的狄仁杰

唐朝时期,有一位杰出的政治家叫狄仁杰。

狄仁杰在并州做法曹参军的时候,因为"人饥己饥,人溺己溺"的仁爱之心,受到同僚和属下的一致爱戴和尊重。

狄仁杰有一位关系很好的同僚,名叫郑崇质,也是一位正直又肯为百姓谋福利的好官。他俩在并州这段时间,一起为并州百姓办了不少实事。

有一天,忙完公务的狄仁杰想到好久没去探访郑崇质了,也不知道他在忙些什么。郑崇质的住所离狄仁杰的住所不远,狄仁杰也没坐车,直接步行前往。

来到郑崇质的住所外,没让下人通报,狄仁杰就径直来到了书房外。书房门大开着,狄仁杰刚要上前,就听到里面传出一声叹息:"唉!"

狄仁杰皱了一下眉,大步进门,说道:"仁兄,好久没见,不知近日可好?"

郑崇质一看来人是狄仁杰,赶紧起身热情招待:"原来是怀英兄,快快请坐,茶。"

狄仁杰也没客气,坐下来,喝了一口茶,见好友仍然一副愁眉不展的样子,便关切地问道:"我刚才进门前听你在叹气,像是遇到了什么难事。不知可否与我说说?"

"唉!"郑崇质重重地叹了一口气,然后说道,"怀英兄,实不相瞒,我正在为调任的事发愁。前几日我收到将我调离并州的调令,需要去很远的边地。去边地虽然艰苦些,但我并不怕,我只是放心不下我的老母亲。你知道,她如今年事已高,身体又不好,根本没办法跟随我去那么远的地方。如果我远离母亲独自去上任,万一她老人家有个三长两短,我该如何是好啊?"说着,郑崇质忍不住落下泪来。

狄仁杰沉吟了一会儿,劝慰道:"你不必太过忧愁,一定会有办法解决的。"

狄仁杰又陪郑崇质说了一会儿话，便起身告辞了。

一回到住所，狄仁杰便提笔写下了一封请愿书，表示自己愿意代替郑崇质，调任到那个偏远的地方。狄仁杰的请愿很快得到了批复。

上任的时间快到了，狄仁杰没有告诉郑崇质，一个人提前离开了并州。

郑崇质收拾好行装，怀着沉重的心情拜别了老母亲，准备出发时，接到了留任的通知。

这时，郑崇质才知道，狄仁杰已经代替他去了那个偏远又贫瘠的地方，他不由感慨万千："怀英兄真乃贤达仁义之士啊！"

伙伴因为生病无法参加郊游，很难过，怎么办？

盼望已久的郊游终于要开始了，可临出发时，其中一个伙伴受伤了，很遗憾没办法同行。这时，你可以尝试对伙伴实施两个"安抚"。

安抚一：不要炫耀自己的收获

对于伙伴来说，这是一次很难过的经历。所以，如果不是伙伴要求你分享，尽量不要跟他提起出游的细节，更不要炫耀，以减少伙伴内心的遗憾。

安抚二：带小礼物送给伙伴

在游玩的地方如果有一些有特色的纪念品，可以买回来送给伙伴，这可以在一定程度上给予伙伴心理上的安抚。

得意不宜再往

凡事留有余地,不要得寸进尺

凡事当留余地①,得意不宜再往②。

——清·朱柏庐《朱子治家格言》

>> 注释

① 余地:退路。
② 再往:继续。

>> 译文

每做一件事都要留有余地,不要让自己无路可退。令自己得意的事不要一而再、再而三地做,不可以得寸进尺。

杨修之死

东汉末年有一位文学家叫杨修。杨修因为博学多才、机智过人受到丞相曹操的赏识和重用，成为曹操的高级幕僚丞相主簿。

曹操府邸新建的花园竣工那天，春光明媚。心情大好的曹操带领众人到新花园游览。突然，曹操在一扇门前站住了。只见他沉吟了一会儿，提笔在门上写下一个大大的"活"字，便走开了。众人不解其意，纷纷对着"活"字猜测丞相的用意。

杨修灵光一闪，立刻明白了曹操的心思："哈哈哈！门里一个'活'字，丞相的意思是，这扇门太宽了。"

"妙呀！杨兄真是绝顶聪明！"大家对杨修赞不绝口，同时马上命工匠重新打造这扇园门。

曹操看到新建好的园门，很是惊喜，就问工匠是怎么回事，工匠便把事情的来龙去脉一五一十地告诉了曹操。

"原来如此，杨主簿果然聪慧过人！"话是这么说，但曹操的心头涌上一丝不悦。

一天，曹操把幕僚们召到他的书房议事。曹操拿出一盒酥饼放在案头，大家看到盒子上面写着"一合酥"三个字，都不明白这是什么意思，谁也没吭声。

曹操看到众人皆不明其意，虽然略感遗憾，但更多的是暗自得意。

谁知，杨修走上前去，笑着打开酥饼盒，将里面的酥饼分给大家后，说道："丞相写得很清楚，吩咐我们一人一口酥，大家怎能拂了丞相的美意？"

听了杨修的话，众人才恍然大悟，一边品尝着点心，一边夸赞杨修才思敏捷。杨修面露得意之色，而曹操微微蹙了下眉头，只是点点头，没有言语。

曹操当上魏王后，有一次出兵攻蜀，久攻不下，进退两难。

一天傍晚，下属把晚餐送进曹操的营帐，曹操看到汤碗里有一块鸡肋，

正纠结要不要吃时,夏侯惇正好进来,向曹操请示当晚的口令。曹操随口说了句"鸡肋",于是,夏侯惇便将"鸡肋"的口令传到了各个营帐。

杨修听说后,马上吩咐大家打点行装,随时准备撤军。夏侯惇不解,忙问杨修原因。

杨修胸有成竹地说:"魏王不日将班师回朝。所谓鸡肋,食之无味,弃之可惜也!"

夏侯惇连连称是,马上和其他将领去做撤军准备。

心中烦躁不堪的曹操因无法安睡,走出营帐,准备巡视一下军营,却发现所有军士都在打点行装。

曹操大惊失色,忙命夏侯惇进帐答话。得知缘由后,曹操勃然大怒,立刻以扰乱军心之罪,将杨修拖到营帐外斩首示众。

好脾气的同学,因为你给他起外号发火了,怎么办?

有个同学的脾气很好,以前无论你怎么对他,哪怕弄坏他的东西都不会发脾气,今天却因为你给他起了一个外号发火了。这时,你要有两个清醒的"认识"。

认识到自己的问题

无论同学是否发脾气,你都应该反思自己:哪些事是应该做的,哪些事是不应该做的。不能因为别人不计较,就认为理所当然,得寸进尺。

认识到别人的宽容

要感谢别人对自己的宽容,同时认识到宽容是有底线的,不能一而再、再而三地去做伤害别人或者让别人不开心的事情。

勿妒贤而嫉能

不要因为忌妒做损人利己的事

处世^①无私仇，治家^②无私法。勿损人而利己，勿妒贤^③而嫉能^④。

——宋·朱熹《朱子家训》

注释

① 处世：待人接物。
② 治家：管理家庭。
③ 贤：贤德的人。
④ 能：有才能的人。

译文

待人接物不能因为私人恩怨而有失公允，管理家庭的时候不能随意处置他人。不要为了自己的私利做损害他人的事，也不要因为自己的能力不如别人而心生忌妒。

因妒生恨的庞涓

战国时期，有两个非常擅长兵法的年轻人，他们就是孙膑和庞涓。孙膑和庞涓都是鬼谷子的学生，跟随鬼谷子学习兵法多年。二人关系亲密，好得像亲兄弟一般。

有一年，魏国招贤纳士，庞涓很想抓住这个可以得到荣华富贵的机会，于是他去向老师辞行。鬼谷子早已看出庞涓是个急功近利之人，就让他下山了。

下山前，庞涓握着孙膑的手说："如果我能得到魏王的重用，一定会举荐你。"

孙膑非常感动，一面继续跟随鬼谷子学习，一面等着庞涓的举荐。这期间，鬼谷子把《孙子兵法》传授给了孙膑。

庞涓回到魏国后，果然受到魏王赏识，被任为将军。在之后的多次战役中，庞涓率军屡屡得胜，魏王对他更加信任。功成名就的庞涓早就忘记了对孙膑许下的诺言。

直到鬼谷子的好朋友墨翟来到魏国，孙膑的大名才被魏王所知道。墨翟大力推荐孙膑，魏王忙命庞涓去请孙膑。

庞涓知道孙膑的才能远在自己之上，担心孙膑的到来，会影响自己在魏王心目中的地位。于是，他说："孙膑是齐国人，他会不会心向齐国，对魏国不利？我很担心。"

可魏王坚持要把孙膑请出山，庞涓只好写信将孙膑请到自己的府中。听说鬼谷子把《孙子兵法》传给了孙膑，庞涓的内心更是忌妒不已。他打算先把孙膑的兵书骗到手，再想办法除掉他。

之后，庞涓在魏王面前诋毁孙膑是齐国奸细。魏王信以为真，要处置孙膑。

庞涓对蒙在鼓里的孙膑说："我已向魏王求情，可以免你一死。但死罪可免，活罪难逃。魏王要对你处以膑刑（挖去膝盖骨）和黥刑（在脸上刺字）。"

孙膑以为是庞涓救了他，感激不已。为了表示谢意，孙膑每日不辞辛苦地为庞涓默写《孙子兵法》。

直到有一天，孙膑无意中听到下人的对话，才看清了庞涓的真面目。为了逃离庞涓的魔掌，孙膑开始装疯卖傻。起初，庞涓不信孙膑真的疯了，几番试探，终于放下心来，最后将他丢到了大街上，任其自生自灭。

几经波折，孙膑在齐国人的帮助下逃离魏国，回到齐国。齐王很重视孙膑，任命他为大将田忌的军师。之后，孙膑为田忌出谋划策，先后在桂陵之战和马陵之战中大败庞涓。最终，庞涓战死。

同桌各方面都很优秀，你很忌妒，怎么办？

你的同桌不仅学习好，体育、画画也很不错，经常受到老师表扬，你很忌妒他。这时，不妨给自己做两张"分析卡"。

做一张"优点分析卡"

把自己所有的优点写出来，不仅包括学习、体育，还有讲礼貌、爱帮助人等好品德、好习惯，增强自信，让自己做到不自卑，也不忌妒。

做一张"缺点分析卡"

把自己所有的缺点罗列出来，每改掉一个缺点，就删掉一个。当缺点越来越少时，你会发现自己越来越优秀，没必要忌妒任何人了。

不见利而起谋

不要为了利益伤害他人

不见利而起谋①，不见才而生嫉②。

——五代十国·钱镠《钱氏家训》

▶▶ 注释

① 谋：谋取。
② 嫉：忌妒。

▶▶ 译文

不要看到利益就做一些损人利己的事情，不要看见别人有才能就心生忌妒。

唇亡齿寒

春秋时期,晋国的南面有两个相邻的小国——虞国和虢国。因为两国的祖先都姓姬,所以两国素来交好。

晋献公时期,虢国时常在晋国边境闹事,让晋献公十分头疼。

晋献公气愤地说:"虢国实在讨厌,我要攻打虢国,给它点儿颜色看看。"

大夫荀息劝阻道:"万万不可呀,主君!现在还不是时机,虢国虽小,但它与虞国世代友好,一旦起了战事,虢国必定会联合虞国一起对付我们。到时候,我们很可能得不偿失!"

"难道我要忍气吞声被一个小小的虢国欺负?"晋献公很不服气。

"主君,我倒有一计。虢国国君是个喜欢玩乐的好色之徒,只要我们送几个美人过去,他必定沉迷美色而不理国政,到时候我们再做打算不迟。"

晋献公觉得荀息的话言之有理,马上派人物色了几位美人送给虢国国君。虢国国君看到美人,以为晋献公是怕了自己,在讨好自己,于是,他放松警惕,整天沉迷于饮酒作乐。

这时,荀息再次献计:"主君,虞国国君是个目光短浅、贪图小利的家伙,只要咱们送些上等的金银珠宝给他,让他不仅不帮助虢国,还借道给我们,攻打虢国就是轻而易举的事了。"

晋献公当即派荀息带上一匹千里马和一对价值连城的玉璧亲自出使虞国。虞国国君看到晋国送来如此贵重的礼物,眼睛发出光来。

荀息恭敬地上前,对虞国国君说:"我们主君久闻您的声名,早就想来与您结交,这点儿薄礼是我们主君的一点儿心意。我们主君派我来贵国,一是向贵国表示友好,另外还有一事相求。虢国时常冒犯我边境,我们想给它一点儿教训,请贵国借个道,放我们的军队从虞国经过。倘若我们有幸打了胜仗,所获的战利品统统送给贵国。不知您意下如何?"

"万万不可!"荀息刚说完,虞国大夫宫之奇立刻上前劝阻,"主君,

万万不可借道给晋国呀！我们与虢国的关系就好比牙齿和嘴唇，如果嘴唇没了，牙齿还能保得住吗？"

可是，此时虞国国君的眼里只有美玉和千里马，还有荀息说的战利品，他完全不顾宫之奇的阻拦，当即答应借道给晋国。

不久，晋献公派兵借道虞国，攻下了虢国，回来的路上顺道灭掉了虞国。虞国国君这才从美梦中惊醒，但为时已晚。

有人送你礼物，让你出卖好朋友，怎么办？

好朋友因为犯错被老师叫去办公室谈话，同学很好奇好朋友的事情，承诺你只要告诉他，就送你一本你最期待的漫画书。这时，你需要两个抗诱惑的"绝招"。

绝招一：站在好朋友的角度考虑问题

试想一下，如果有人让好朋友出卖你的秘密或者信息，你是怎样的心情？你会高兴吗？如果你不能接受，就不要对好朋友做同样的事情。

绝招二：引导同学一起反思

同学这种窥探别人隐私的行为，本身也是不文明的。你可以引导同学去思考：如果有人想窥探你的隐私，你愿意让人知道吗？

人有祸患，不可生喜幸心

别人遭遇不幸，不能幸灾乐祸

人有喜庆，不可生[①]妒忌心；人有祸患，不可生喜幸[②]心。

——清·朱柏庐《朱子治家格言》

▶▶ 注释

① 生：有。
② 喜幸：幸灾乐祸。

▶▶ 译文

别人有了高兴的事情，不要去忌妒。别人遇到祸患，不能幸灾乐祸。

秦晋借粮之战

春秋时期,有一年晋国发生了饥荒,老百姓流离失所,生活十分困苦。晋惠公非常忧虑,如果不能及时为老百姓解困,晋国很可能会发生混乱。

晋国大臣向晋惠公出主意:"大王可以向秦国借粮,以解燃眉之急,度过眼前的危机。"

晋惠公思忖半晌,觉得这是目前最有效的办法了。于是,晋惠公立刻派使臣出使秦国。

要不要借粮给晋国,秦穆公犹豫不决,便与朝臣商量。

"臣认为,这粮应该借。晋国与我大秦比邻,为了两国和睦共处,我们应该向晋国提供帮助。"百里奚率先发表意见。

邳郑之子邳豹强烈反对:"晋惠公曾对周襄王那样无礼,如此傲慢之人,不值得我们帮助。如今晋国遭遇饥荒,国力大减,我们不如趁此机会攻打它。"

秦穆公说:"不妥!晋惠公虽无礼,但晋国的百姓是无辜的,晋国饥荒,苦的是那些无辜的百姓啊!所以,我赞同百里奚的意见。"

就这样,秦穆公下令借粮给晋国,帮助晋国度过了饥荒。

到了第二年,秦国也不幸发生了饥荒。秦穆公想到去年曾经援助过晋国,想必晋惠公也会如此帮助秦国,于是派使臣去晋国求助。

万万没想到,晋惠公却想着趁机削弱秦国,断然拒绝了秦国借粮的请求。

晋国的大夫庆郑觉得晋惠公此举实为不妥,于是劝道:"如果我们不借粮给秦国,就是忘恩负义之举,就是幸灾乐祸。如此不仁不义,何以治国?更何况,秦国与我晋国是邻国,邻国有难,我们不出手相助,很可能会惹上大祸。"

可晋惠公根本不听庆郑的劝说,坚决不肯借粮食给秦国。

碰了一鼻子灰的秦国使臣,回国后将出使晋国的情景一五一十地回禀了秦穆公。

"真是岂有此理！晋惠公如此小人，实在可恶！"秦穆公勃然大怒，并立下誓言，"我一定会狠狠教训晋国的。"

尽管没有晋国的援助，但在秦穆公的一系列举措下，秦国最终平稳度过了饥荒。危机得到缓解后，秦穆公立刻征兵，开始操练人马，为出兵做好准备。

次年，秦穆公出其不意地率兵攻打晋国。晋惠公怎么都想不到，刚刚经历过灾荒的秦国会起兵征战。当晋国边境硝烟四起时，晋国兵马一片慌乱，秦国轻而易举地大败晋国，并俘获了晋惠公。

比赛前，竞争对手突发状况无法参加，你会怎么办？

你很擅长游泳，经常参加比赛，但总是输给同一个人，一直是第二名。这次比赛前，第一名因病无法参加比赛，你终于有机会获得第一名了。这时，你需要拥有两种"心态"。

绝不幸灾乐祸的心态

这个时候，你难免有一种摆脱压制的轻松心态，但不要幸灾乐祸，因为你和同伴之间除了竞争，更多的应该是惺惺相惜的情谊，成绩并不是唯一重要的。

绝不侥幸的心态

这次如果你获得了第一名，可以小小地为自己庆祝一下，比如买个礼物。但后面要继续努力，突破自我，用真正的实力证明自己。

毋因群疑而阻独见

要有自己的想法，不受别人的影响

毋因群疑而阻独见①，毋任②己意而废③人言。毋施小惠而伤大体，毋借公论以快④私情。

——明·洪应明《菜根谭》

▶▶ 注释

① 独见：主见。
② 任：听任，放任。
③ 废：否定。
④ 快：使……痛快。

▶▶ 译文

不要轻易因为别人的怀疑否定自己的想法，也不要固执己见而轻易否定别人的意见。不能因个人私利搞小恩小惠而伤害整体利益，更不能借助社会大众的舆论来使自己的情感痛快。

力排众议的孙权

东汉末年,刘表在荆州病逝,刘琮继任荆州牧。此时,曹操已率大军沿江而下。面对兵强马壮、来势汹汹的曹军,众人纷纷劝刘琮审时度势,投降曹操:"将军,如果您用荆州的兵力对抗曹操的大军,无疑是以卵击石。即便依靠刘备,也一样会失败。况且曹操代表的是朝廷,我们抵御朝廷,岂不是叛逆?所以唯一的办法就是投降曹军,保住荆州。"

原本就惊慌失措的刘琮接受了众人的建议,曹操刚到达新野县(在今河南南阳),他就亲自前去迎接,还奉上荆州以表诚意。

依附刘表的刘备得知刘琮已背着他投降曹操,只好南逃。途中,鲁肃前来拜

访刘备，提出孙刘联手对付曹操。诸葛亮表示赞同，于是，刘备决定进驻鄂县的樊口，为抗衡曹操做准备。

曹操大军将至，气势惊人。准备迎战的孙权突然接到曹操的书信，信中，曹操说自己是奉天子之命南下讨伐朝廷叛贼。如今，刘琮已经投降。曹操将率领八十万大军抵达吴地，特邀孙权一同打猎。

孙权拿着书信，忐忑不安，赶忙召集属下一同商议。

众人读了曹操的书信，个个大惊失色，直冒冷汗。

"曹操乃虎狼之辈，挟天子以令诸侯久矣。眼下曹操假借天子之名，沿江长驱直入，若我们反抗，就是叛逆朝廷。是逆是顺，将军定要三思！"

"将军，刘琮已归顺曹操，荆州水军进一步壮大了曹操的兵力。曹军水陆并进，势不可挡。在下愚见，还是迎接曹军，不要与之对抗为妙。"

"言之有理，真的不能与曹操为敌啊。"

关于如何应对曹操，大家一致认为不应该与

曹操对抗。只有鲁肃站在一旁，面色严肃，一言不发。

"唉！"孙权轻叹一声，起身走出营帐。

看到孙权离开，鲁肃立刻追了出去："将军！"

"有话你尽管说。"孙权注意到方才鲁肃一直沉默不语，并没有附和众人，猜想他一定有不同的看法。

"将军，他们是在误导您啊！投降曹操，只有我鲁肃这样的普通人能做，将军如何使得？我投降了曹操，还可以得到一个不上不下的位置，继续与士大夫们结交。可将军您要是归顺了曹操，他会如何安置您？将军定要早拿主意，不可被他们的短浅见识给误导了。"

周瑜回营后，也赞同鲁肃的意见，支持孙权与曹军对抗。之后，孙权、鲁肃和周瑜制订了周详的战略计划，联合刘备军队，在赤壁大破曹操。

你最喜欢的裙子，大家都说不好看，怎么办？

妈妈终于给你买了那条你心心念念的裙子，同学们却都说不好看，你的好朋友也觉得不好看。这时，你需要调整心态。

相信自己，不受他人影响

裙子好不好看不重要，重要的是，你是不是发自内心地喜欢它。何况每个人的眼光不同，只要裙子不是过分夸张，你就没必要放弃自己的审美去附和别人。

进一步提升自己的审美

可以多看一些美好的事物，比如经常去博物馆、美术馆等欣赏艺术作品，以此提升自己的审美，从而让自己变得更加自信。

轻听发言,安知非人之谮诉

不要轻信别人的话,要有自己的思考

轻①听发言,安知②非人之谮诉③,当忍耐三思;因事相争,焉知非我之不是,需平心暗想。

——清·朱柏庐《朱子治家格言》

注释

①轻:轻易。

②安知:怎么知道。

③谮(zèn)诉:诬陷、中伤的话。

译文

轻信别人的话,怎么知道别人不是胡说、诽谤?应该暂且忍耐、多加思考。因为一件事起了争执,又怎么知道不是自己的过失?要平心静气、暗中思量。

轻信于人的项羽

项羽是楚国名将项燕的孙子,自幼不喜欢读书,就喜欢舞枪弄棒。

有一天,秦始皇来到会稽(今浙江绍兴),项梁带着项羽前去围观,想让他长点儿见识。彼时,正值少年的项羽非常认真而自信地对项梁说:"他没什么了不起的,一样可以被取代。"项梁急忙捂住了项羽的嘴。不过,这倒让项梁对这个不爱学习却胸怀大志的侄儿刮目相看。

后来,项羽追随伯父项梁加入秦末农民起义的大军中。项羽凭借着勇猛无敌的力量,一步步成为四十万楚军的领袖,也是最有争夺天下霸主实力的人。

在推翻秦朝统治的过程中，楚怀王与众起义军领袖约定：谁先进入关中，谁就可以被封为关中王。就在项羽觉得自己胜券在握的时候，刘邦已经先进入了关中。刘邦阵营的曹无伤悄悄来到项羽军中，向他告密："刘邦想做关中王！"

项羽暴跳如雷，大声吼道："让将士们做好准备，随时去攻打刘邦！"

刘邦得知项羽要攻打自己，连忙修书一封表示忠心。项羽顿时怒气全消，还自得地说："我就说刘邦没有跟我争的胆量嘛。"

项羽的亚父范增对项羽分析道："刘邦原本是个贪财好色之人，但他这次攻入关中，竟然跟百姓约法三章，赢得了关中百姓的一致拥戴。由此可见，刘邦一定在背地里有大阴谋。"

项羽又觉得范增所说有理，范增建议项羽在鸿门设宴，召见刘邦，然后在席上趁机杀掉刘邦。项羽答应了。

项羽的另一个叔父项伯得知此事，偷偷将项羽与范增的密谋告诉给了好友张良。张良作为刘邦的军师，一面让项伯在项羽面前多说刘邦的好话，一面积极为保护刘邦做准备。

鸿门宴上，范增故意在席上说起曹无伤告密的事。刘邦马上矢口否认，并趁机对项羽表忠心："大王，这一定是误会，我在关中已经打点好一切，就是在等待大王入关呢。"

项羽再次动摇了，范增几次暗示项羽动手，项羽都无动于衷。无奈之下，范增让项庄在席上以舞剑助兴之名借机刺杀刘邦，结果被项伯破坏了。

眼看形势危急，刘邦以上厕所为由，偷偷跑掉了。就这样，项羽错失了除掉刘邦的良机。之后经过四年的争霸，刘邦大败项羽，项羽在乌江自刎。刘邦夺得了全面胜利，建立汉朝，成为汉高祖。

你的东西丢了，有人说是你的同桌拿走的，怎么办？

你新买了一盒益智卡片，拿到学校玩了几次后，发现丢了几张。有同学告诉你，是你的同桌拿走的。这时，你需要按下两个"暂停键"。

暂停键一：不要盲目地相信

对于影响不好的事情，不要盲目地相信任何人的话。可以冷静地想想：这是真的吗？同桌为什么这样做？会不会是这个同学看错了？

暂停键二：不要急于去责备或质问

无论真相如何，都不要急于去责备同桌，可以心平气和地与他先沟通。如果不是同桌拿走的，要表示歉意；如果是同桌拿走的，可以说出你的心情，给同桌道歉的机会。

可以律己,不可以绳人

严格要求自己,但不强求别人

礼义廉耻,可以律己①,不可以绳②人。律己则寡③过,绳人则寡合④,寡合则非涉世之道。

——宋·林逋《省心录》

▶▶ **注释**

① 律己:自律,自我约束。

② 绳:约束。

③ 寡:少。

④ 合:和睦,合得来。

▶▶ **译文**

关于礼义廉耻,可以自我约束,但不能强求别人。约束自己就能少犯错误,要求别人就无法与人和睦相处,而无法与人和睦相处并非为人处世之道。

许衡不食梨

金末元初,有一位"百科全书式的人物",名叫许衡,号鲁斋。他是一位很有学问的大儒,门生无数。同时,他也是一位品行高尚的人,备受人们的推崇。

有一年夏天,许衡外出办事,途经河阳(今河南孟州市西)。这天,天气格外炎热,太阳像个大火炉似的,蒸烤着路上的行人。

许衡带着随从走了很久,大汗淋漓,又累又热,实在走不动了,只好就近来到一棵枝繁叶茂的大树下歇脚。

刚坐下,随从就有了令人惊喜的发现:"鲁斋先生,您看!咱们头顶这棵树竟然是一棵梨树,上面结了好多梨!"

随从的话引起了路人的注意,还没等许衡说话,路人已经一哄而上,行动起来了:上树的上树,挥长竿的挥长竿,甚至还有人干脆往树上掷小石子。总之,大家都想尽办法吃到梨子。随从害怕晚了梨子就被抢光了,也跟着去摘梨。

"怎么早没发现这儿有棵梨树呢?"

"真是渴死我了!"

"这梨真好吃!可算解渴了!"

……

大家围坐在树下,大口大口地吃梨,清甜的梨子既解渴又消暑。

随从的收获不小,摘了十来个梨子,想着路上也足够吃了。他挑了一只又大又水灵的梨子递给许衡,说道:"鲁斋先生,给您!这梨一看就好吃。"

许衡虽然热得满脸是汗,不停地用长袖擦拭着,却没有接过梨子:"你吃吧,我不吃。不是我自己种的梨,又没有得到梨树主人的允许,我不能吃!"

"可是,这梨树明显是没有主人的啊!您吃了,也没人会知道的。何况,大家都在吃呢!"随从劝说道。

"吃吧，这么热的天，这梨特别解渴。"

"现在这世道，兵荒马乱的，这梨树就算有主人，也不知道跑到哪里去了。"路人也跟着劝说许衡，觉得他没必要这么较真。

"就算梨树的主人不见了，看不见我现在的行为，可是，我仍然不能欺骗我的内心。不合乎道义的事，我不能做。在我们乡下，即便果树下有成熟后落到地上的果子，路过的孩童也不会擅自捡来吃的。"

大家看着固执的许衡无奈地摇摇头，不再劝他，自顾自吃着手里的梨。许衡也没有因为自己不吃梨，就劝阻其他人，大家都很自在地相处着。

许衡去世后，忽必烈感念许衡的高尚品德，特赐他谥号"文正"。

 你不喜欢吃甜食，身边的朋友却经常吃，你会怎么办？

你从小不喜欢吃甜食，因为会把你的牙齿弄坏，可是你身边的朋友经常吃甜食，你很想告诉他们这样子不好。这时，你可以尝试两个"提醒"。

提醒朋友注意节制

你可以用自己的经验告诉朋友，注意吃甜食的次数，保护好自己的牙齿。但不能因为你不吃，就去阻止朋友吃。

提醒自己坚持原则

不能因为别人吃，就不顾自己的身体健康，盲目地追随别人，勉强自己去吃。要有自己独立的判断，以健康为主。

惟正己可以化人

靠自身的影响力去改变别人

惟^①正^②己可以化^③人，惟尽^④己可以服人。

——清·申居郧《西岩赘语》

▶▶ **注释**

①惟：只有。

②正：端正。

③化：感化，影响。

④尽：竭尽。

▶▶ **译文**

只有自己行为端正，才可能去影响别人；只有竭尽全力做到自己应该做的，才能使他人信服。

朱元璋办皇后寿宴

明朝建立之初，不少开国功臣居功自傲，认为自己大权在握，功成名就，可以尽享荣华富贵了。而朱元璋的侄子朱涛更是依仗自己皇亲国戚的身份，奢靡无度。

出身贫寒的朱元璋深知民间疾苦，即便当上皇帝，仍然保持着节俭的习惯。面对朝廷这股奢靡之风，他非常头痛。

有一天，马皇后看到朱元璋一副愁眉不展的样子，关心地问道："陛下最近为何如此忧虑？"

朱元璋便把自己的担忧告诉了马皇后，然后叹了口气："唉！我一时竟想不出什么好办法来解决这件事。"

"陛下英明！臣妾倒是有一个办法。后天是臣妾的生日，倡导节俭，杜绝奢侈，不如就从我们自己做起。"

朱元璋觉得马皇后的主意非常好。

马皇后寿宴这天，文武百官带着从各处搜罗来的奇珍异宝入宫贺寿。

待众人坐定后，朱元璋示意寿宴开始。

当第一道菜肴上桌时，众官员个个瞠目结舌。那是一盘普普通通的萝卜，看着就寡淡无味，完全不像皇后寿宴上应该出现的菜品。众官员以为是御膳房的人弄错了，不由得看向朱元璋，静待着皇帝的暴怒。

没想到，朱元璋却笑着拿起筷子，夹起一块萝卜送入口中，边吃边说："萝卜好呀！俗语说，萝卜进了城，药铺都关门。大家尝尝吧，看看味道如何？"

众官员完全猜不出皇帝的心思，只好战战兢兢地夹起萝卜吃起来。

接着第二道、第三道菜，全是普通百姓家桌上常出现的青菜。

"众爱卿，请吧！有道是'碗中菜蔬绿又青，长治久安得人心'。"朱元璋说完就津津有味地吃起来。

众官员似乎明白了皇上的用心，不觉出了一身冷汗。

这时候,第四道菜端了上来,是一碗葱花豆腐汤。

"有菜有汤,这顿饭吃得真爽口啊!正所谓葱花豆腐,一青二白,两袖清风,江山稳固。"说完,朱元璋端起汤碗咕嘟咕嘟地大口喝起来。

这下,众官员完全明白了皇上的用意,他们悄悄擦拭着额头上的汗珠,争相附和,称赞菜肴清爽美味。尤其是平日里最贪腐奢靡的那几位官员,简直吓得魂飞魄散。

寿宴之后,朝中那些贪腐的官员再也不敢肆意搜刮民脂民膏,平日的奢侈生活也收敛了许多。

你觉得同桌有个习惯很不好,想帮他改正,怎么办?

你和同桌的关系很好,经常互相帮助,但同桌每次都不经过你的允许就拿你的东西,你觉得他很没礼貌,想帮他改正。这时,你需要用两个"小妙招"。

妙招一:制作文明用语卡

制作几张卡片,分别写上"请""谢谢"等文明用语,放到课桌上比较醒目的位置,既能提醒同桌,又能提醒自己。

妙招二:以身作则

在你向同桌或者其他人借用东西的时候,要充分使用文明礼貌用语。只有用自己的实际行动去影响身边的人,才能真正达到效果。

无求备于一人

谁都有缺点，不能要求别人事事完美

君子不施①其亲，不使大臣怨乎不以②。故旧无大故③则不弃也，无求备④于一人。

——西周·周公《诫伯禽书》

▶▶ 注释

①施：同"弛"，松弛，废弃。
②以：用，任用。
③大故：大的错误。
④备：完备，完美。

▶▶ 译文

一个有道的国君，不会疏远他的亲属，也不让臣子抱怨不被重用。老朋友没有大错误就不要放弃，不能要求别人事事完美，没有缺点。

齐桓公得宁戚

春秋时期,齐国的邻国之一卫国有一个名叫宁戚的人,具有济世之才。他觉得齐桓公是位难得的明主,一心想要为齐桓公效力。无奈他处境困窘,一直结交不到合适的人,也就没有人举荐他。

一天,宁戚坐在城门外,望着齐国方向叹息:"唉!我什么时候才能被齐侯看见呢?"

正巧有一位老者路过,听到了宁戚的话。老者说:"不入齐国,怎么能让齐侯看得见你呢?"

一语点醒梦中人,宁戚决定马上到齐国去。他很快想到一个办法——跟

随一个商队,赶着装货的牛车前往齐国。

到达齐国后,宁戚又等了多日,用尽了各种办法,却一直没有见到齐桓公。他只好随着商队一边运送货物,一边等待时机。

机会终于来了。有一天,邻国使者前来拜访齐桓公,为表示重视,齐桓公亲自率众到城门口迎接。宁戚终于见到了器宇轩昂的齐桓公,内心激动万分。可是百姓围了里三圈外三圈,再加上官兵层层把守,宁戚挤了半天,也没有挤到前面去。

想到自己满腹才华却没办法为明主效力,宁戚心中不觉涌出许多无奈和忧伤。他走到牛车边,拍着牛角,不由得引吭高歌。

宁戚的歌声成功地引起了齐桓公的注意,齐桓公对身边的侍卫说:"唱歌的人是谁?听起来不像一个凡夫俗子!你去看看,带他回宫见我。"

宁戚终于如愿见到了齐桓公。他向齐桓公阐述治国之道,又提出很多治

国的建议,还力劝齐桓公趁势争霸天下。

齐桓公听了宁戚的一番话,觉得他是不可多得的人才,当即决定重用他。

群臣都觉得齐桓公重用宁戚有些草率,纷纷上书劝谏:"主君,宁戚的确有才。但他是卫国人,我们并不了解他的背景和为人,不如主君派人前往卫国打探一下。倘若的确是贤德之人,再任用他也不迟啊!"

齐桓公却豪爽地说:"如果去打探,必然会得知他有一些小毛病。如果因为他有一些小毛病就忽视他的大优点,那我们岂不是因小失大?要知道,每个人都有缺点。作为齐国的君主,我意在招揽天下贤士为我所用。"

宁戚听说齐桓公这番话后,感慨万分:"齐侯果然是值得我敬仰的君主!"

之后,齐桓公在宁戚竭尽所能的辅佐下,最终完成了称霸诸侯的伟业。

好朋友优点很多,就是脾气很大,怎么办?

你的好朋友非常优秀,学习好、体育好、唱歌好,还很爱帮助人,就是脾气很大。每次他一发脾气,你就想跟他绝交。这时,你需要两面"镜子"。

一面"镜子"送给自己

在看到别人身上的优缺点的同时,你也要看看自己的优缺点。每个人都不是完美的,好朋友也一定在包容你的某个缺点,你为什么不能包容好朋友呢?

一面"镜子"给好朋友

朋友之间需要坦诚相待,你可以真诚地与朋友进行沟通,说出你的感受,让朋友对自身的问题有个清晰的认知,促使他调整和改变自己。

爱人者人恒爱之

爱护和帮助都是相互的

爱①人者人恒②爱之，敬人者人恒敬之。

——《孟子》

▶▶ **注释**

①爱：关爱，爱护。

②恒：永远。

▶▶ **译文**

关爱别人的人，别人也永远关爱他。尊敬别人的人，别人也永远尊敬他。

淳于恭的故事

东汉末年,有一个叫淳于恭的人,他家虽然不是特别富有,但是也有些田地,还有果园,生活上相对富足。

有一年,淳于恭的家乡闹饥荒,不少人家的米缸都见了底,常常忍饥挨饿。一些走投无路的乡亲就溜进淳于恭家的田里和果园里偷粮食和果子。

"你快去田里和果园看看吧,天天有人偷,这样下去,咱家也要缺粮了。你得赶紧想个办法!"妻子担忧地说。

"先别急,我去看看情况再说。"

淳于恭刚走到田地附近,就看到他家地里有人猫着腰在割尚未成熟的稻子。

淳于恭心想:他要是看到我,一定会很慌张,万一割到手就糟了。于是,淳于恭不仅没上前制止,还躲到了一个小土坡后面。

直到那个偷稻子的人走了,淳于恭才走到田里,将那些被踩倒的稻子扶正,把落到地上的稻穗拾起来。

"果园里一定也有人吧!"淳于恭又去看果园。

他刚走进果园,就看到一个衣衫褴褛的男人从树上滑下来,怀里兜着的几个果子滚到了地上。

男人看到淳于恭,当即跪在地上,祈求道:"淳于老爷,我……我家孩子饿得直哭,我实在是没办法!求您大人有大量……"

"好的好的,你快起来吧。"淳于恭一边安慰那人,一边将地上的果子捡起来,重新递到那人手里,"这些都拿回去吧,我不怪你。"

得知淳于恭如此宽厚仁义,乡亲们反而不好意思再去他家田地和果园偷东西了。淳于恭便准备了一些余粮,主动送到那些揭不开锅的人家去。

饥荒过去不久,各地又爆发了战乱,很多人在战乱中丧命。整天担惊受怕的乡亲们都不愿意再好好种地,觉得是白辛苦。只有淳于恭始终勤勤恳恳

地下地耕种。

　　有人忍不住劝道："你还种什么地呢？这样的乱世，说不定哪天就遭遇不幸，现在种了也是白种。"

　　"乱世也要生活呀！不种地，怎么生活下去呢？就算我死了，我种下的粮食也可以养活别人，也是件好事。"淳于恭非常淡定地说。

　　在他的带动下，乡亲们都抛弃了沮丧的情绪，重新将快要荒芜的土地耕种起来。

　　淳于恭死后，十里八乡的乡亲都怀念他，朝廷还在他的家乡为他立碑，以示表彰。

同桌经常帮助你，现在他生病了，你该怎么办？

　　同桌作为数学课代表，经常给你讲解你不会的题目。期中考试前夕，同桌因为生病需要请假几日。这时，你需要做好两件事。

第一件事：从学习上做好准备

　　为了更好地帮助同桌，你需要认真地听讲，并做好笔记，让自己学得更扎实，这样才能更好地帮助同桌补习落下的功课。

第二件事：从心理上做好安慰

　　每个人生病的时候，内心都会变得很脆弱。这时，你需要不时地在心理上安慰一下同桌，比如打打电话、带着小礼物去看望他。

施而不奢，俭而不吝

生活节俭但不吝于帮助别人

俭者，省约为礼之谓也；吝①者，穷急不恤之谓也。今有施②则奢③，俭则吝；如能施而不奢，俭而不吝，可矣。

——南北朝·颜之推《颜氏家训》

注释

①吝：吝啬。
②施：帮助。
③奢：奢侈。

译文

所谓节俭，就是合乎礼节的节省。所谓吝啬，就是对贫穷或急需救济的人不予帮助。现在有人要么能够帮助别人而自己过于奢侈，要么就因为自身节俭而过分吝啬。如果能做到乐于帮助别人却不过于奢侈、显摆，保持节俭却不吝啬，就好了。

俭而不吝的刘宴

唐朝有一位名叫刘宴的官员,为官清正,生活节俭。

有一年冬天的一个清晨,刘宴准备出门上朝时,夫人拿来一件裘皮袄让他穿上。

"夫人,这件裘皮袄是什么时候买的?"刘宴好奇地问。

夫人回答说:"不是买的,是我哥哥看到你大冬天还穿着一件无法御寒的旧棉衣,知道你清廉,所以只能把这件旧袄送给你。"

刘宴沉吟了一下,说:"夫人,把裘皮袄送还给你哥哥吧,我会当面表达谢意的。"

夫人有些不高兴,认为刘宴是害怕哥哥找他办事才不肯领情。

"我不是这个意思,但是从长远看,还是注意些为好!"说完,刘宴穿上自己的旧棉衣上朝去了。

散朝后,刘宴回府途中,路过一个烧饼摊,烧饼的香味吸引着他来到摊前:"老板,您的烧饼真香啊!多少钱一个呢?"

老板介绍说:"我的烧饼是祖传做法,别无二家。肉馅的五文一个,红糖馅的三文一个,无馅的一文一个。"

"哦!肉馅的最香,可惜太贵了。红糖馅的也很好吃,但三文钱一个也不便宜啊!老板,麻烦帮我包五个无馅的烧饼吧!"

刘宴拿着烧饼刚一回身,就看到太医的轿子经过,连忙打招呼道:"太医,您这是要去哪儿?"

"我要去尚书家,给尚书的公子看病。"太医回答。

刘宴想起自家的管家这两天身体不舒服,就邀请太医回头也上他家一趟。

没多久,太医来到刘宴家,给刘宴的管家看了诊,开了药方。

刘宴拿着药方看了又看,问道:"请问,这副药里搭配人参效果是不是更好?"

"哦！有几味药价格颇高，我怕刘大人您嫌贵，就没开进去。"太医连忙解释。

刘宴说："不妨事不妨事，只要能让管家早日康复，有什么好药您尽管开。"

太医很诧异，他刚才明明看到刘宴在街边连几文钱的烧饼都舍不得买贵的，这会儿又不在乎钱了。

这时，过来奉茶的丫鬟看到太医吃惊的样子，笑着说："太医，我家刘大人虽然节俭，但他可不吝啬哦！别说我家管家这点儿药钱了，就是去年河南闹灾荒，一万两银子我家大人都捐出去了呢！"

听到这里，太医不由得恭敬地对刘大人行了一礼，说道："刘大人，恕在下失敬！倘若朝堂上下都跟刘大人一样，我朝何愁不兴盛啊！"

你对自己很"抠门"，学校却提倡捐款，怎么办？

你觉得父母很辛苦，所以从不乱花钱。你攒了大半年的钱，准备买礼物送给妈妈时，学校却发起向贫困山区学生捐款的活动。这时，你需要两种"体验"。

体验一：了解那些需要帮助的人

你可以到网上查看相关贫困儿童的信息，了解他们的生活、学习等情况，以此来确定自己是否愿意去帮助他们，然后量力而行。

体验二：参与相关的社会实践活动

可以请爸爸妈妈帮忙，带你去参加一些献爱心的活动，比如去孤儿院、山区学校参观等，深入其中去感受一下，会让你对献爱心有更深刻的理解。

自立立人，自达达人

有能力的时候多帮助别人

自立①立人②，自达达人③，莫问收获，但问耕耘。

——清·曾国藩《曾国藩家书》

▶▶ 注释

① 自立：自己得以立足。
② 立人：帮助别人自立。
③ 达人：帮助别人通达。

▶▶ 译文

自己有了立足的能力，也要帮助别人立足；自己通达了，就要想着去帮助别人通达。做事不能总是想能收获什么，只要努力去做就对了。

李士谦借粮

北朝魏齐年间,赵郡平棘县(今河北赵县)有一家世显赫的大富之家,主人叫李士谦,是当地有名的仁善之人。

有一年,平棘县遭遇春荒,当地的老百姓户户缺粮少衣,很多农户把春耕的种子都吃完了。更多人因为走投无路纷纷背井离乡,逃向外地。

李士谦看到这番情形,就和家人商量道:"我不能眼睁睁看着乡亲们就

这样背井离乡啊！咱们家里节省点儿，拿出些粮食来接济一下乡亲们吧！"

李士谦召集家里的仆人们从粮仓里搬出一万石粮食，按事先登记好的缺粮户发放粮食，那些准备外出逃荒的乡亲也被李士谦派人叫了回来。

"大恩人哪！是您救了大家啊！"

"恩人，这些粮食我们一定会还的。"

乡亲们个个痛哭流涕，跪在李士谦家门口谢恩。

李士谦逐个扶起大家，宽慰道："乡亲们，粮食不着急还，你们赶紧回家做饭，先吃饱饭，再抓紧播种。"

就在大家盼望丰收的时候，灾难再次降临——干旱和虫害将大好的庄稼糟蹋得不行，最后只有微薄的收获。

"这可怎么办啊？没法按时还上粮食，不知道会不会有利息。"乡亲们都在为还不上李士谦家的粮食犯愁。

不管怎么样，欠账总是要还的，能还多少是多少。乡亲们把刚刚打下来的粮食扛到李士谦家，准备还粮食。

"乡亲们，今年的收成不好，这些粮食金贵，你们拿回去好好分配一下，留下明年播种的粮种，余下的要过日子，不用还给我了。如果有哪家还有欠缺，就来找我。"李士谦真诚地说道。

然而，乡亲们不愿意离开。李士谦就让厨房做了几桌饭菜，招待还粮的乡亲。

饭后，他拿出借粮的账本，说："我李士谦说话算话，欠的粮食真的不用还。现在，我把这个账本烧掉，你们就可以安安心心回家了。"乡亲们再次感动得落泪了。

第二年，平棘县风调雨顺，粮食大丰收。乡亲们高高兴兴地把打下来的第一担粮食挑到李士谦家门口。

结果，李士谦还是坚决不收："乡亲们回去吧，真的不用还。我家今年也丰收了，这些粮食你们都挑回家，屯起来。"

平棘县的老百姓常常念叨李士谦的恩德，感激不尽。

你的学习笔记做得很详细，同学经常借用，怎么办？

你的学习笔记做得很详细，经常受到老师的表扬，不少同学都会找你借笔记。可你有点儿舍不得自己的劳动成果。这时，你可以有两个选择。

选择一：大方地借给同学

同学之间应该互相帮助，借给同学参考对你并没有什么损失，反而还帮助了同学，这其实是在让你的劳动成果发挥更大价值。

选择二：换种方式帮助同学

如果你实在不舍得借出学习笔记，可以尝试教给同学们做学习笔记的方法，顺便给他们讲讲不明白的地方，这样对同学的帮助反而更大。

扶人之危，周人之急

帮助别人不是为了回报

君子能扶①人之危②，周③人之急，固是美事。能不自夸，则善矣。

——清·曾国藩《曾国藩家书》

注释

① 扶：帮助。
② 危：危难，困难。
③ 周：接济。

译文

君子在别人遇到困难的时候，能够及时提供帮助，接济别人的急难，这当然是好事。如果还能做到不自我夸耀，那就更好了。

不求回报的朱家

楚汉相争时，项羽麾下有一员猛将名叫季布。季布跟随项羽南征北战，屡立战功，有两回差点儿射杀了刘邦。

对于季布，刘邦真是恨之入骨。因此，刘邦大败项羽当上汉朝皇帝后，立刻下令通缉季布，甚至重金悬赏季布的人头。

走投无路的季布只好隐姓埋名，卖身到洛阳周姓富豪家为奴。

季布虽然身穿粗鄙的布衣，却有着非凡的气度。周家主人通过简单的对话和江湖上的传言，猜出了季布的真实身份。

然而，周家主人没有出卖季布领取奖赏，而是将季布装扮一番，辗转卖给了鲁地朱家的府上。朱家是有名的侠义之士，结交甚广，常常为江湖上遇难的朋友解困救急。

季布到达朱家的府上后，朱家嘱咐儿子一定要将季布藏好，绝不可怠慢。

然后，朱家准备去洛阳找被汉高祖重用的夏侯婴帮忙。

季布得知朱家的安排后，真诚地感谢道："先生大恩，季布他日定当报还！"

朱家豪爽地说："将军不必多礼！将军放心，朱家此去定为将军解困。"

夏侯婴与朱家在秦朝时就是好朋友，也是一位侠义之士。到达洛阳后，朱家在几番畅饮之后，趁机问道："听说陛下重金悬赏季布的人头，这是为什么呢？"

"因为季布在项羽手下时，几次围困陛下，还差点儿杀了陛下。"夏侯婴答道。

朱家说道："作为项羽的属下，季布这么做是在尽一位臣子的本分。现在项羽已死，难道楚国的人才都要杀光吗？我们都知道季布是一位贤臣，为什么不趁机让他为陛下效力？相信他一定会像尽忠项羽一般，尽忠陛下的。"

听了朱家的建议，夏侯婴马上入宫求见汉高祖

刘邦，请求道："陛下，季布乃大将之才，杀了他，岂不可惜？如果逼得他走投无路，投奔了外族，将会是我汉朝的大患。如果他为朝廷所用，一定能助陛下稳固江山。"

刘邦觉得夏侯婴的话很有道理，权衡利弊后，便赦免了季布的罪名，还任命他为郎中。

入朝为官后，季布对汉室忠心耿耿，在抵御匈奴的过程中立下了汗马功劳。

季布是个重情重义、一诺千金的君子，功成名就之时，就前往山东去找朱家报恩。

没想到，朱宅早已人去楼空，朱家更是不知所终。而且自此之后，季布再也没有见到过朱家。

你帮了同学的忙，他却不愿意回报你，怎么办？

同学摔跤受伤，你主动扶着他去医务室治疗，还帮他上药、拿药。结果你向他要一支笔，却被拒绝了。这时，你需要两个"反思"。

反思一：帮同学是为了得到回报吗？

帮助别人应该是发自内心的善意，而这份善意不是任何物质能够比拟的。在帮助同学的那一刻，你是不是有一种成就感？这份成就感其实就是最大的回报。

反思二：你希望别人帮你的时候索要回报吗？

如果同学在帮助你之后，向你索要东西，你会是什么感受呢？是不是破坏了最初的那份感激？设身处地考虑问题，会更容易得到正确的答案。

孝当竭力，非徒养身

要全心全意地孝敬父母

孝当竭力，非徒①养身②。鸦有反哺③之孝，羊知跪乳之恩。

——《增广贤文》

▶▶ 注释

①徒：仅仅，只。

②养身：维持生活。

③反哺：雏鸟长大后，反过来衔食喂母鸟的行为。比喻子女长大奉养父母。

▶▶ 译文

尽孝要竭尽全力，不仅仅是养活父母。乌鸦懂得衔食喂母尽孝，小羊有跪着吃奶的感恩之举。

子路背米

子路是鲁国人,是孔子的得意门生,也是"孔门七十二贤"之一。

子路家境贫寒,住在偏僻的山野中。因为父母年迈,再加上身体不好,没有力气种地,一家人只能靠吃粗粮和野菜度日。为了减轻父母的负担,子路常常独自去田野里挖野菜。

有一年秋天,天气非常寒冷,子路的父母体弱,抵不住寒风侵袭,都卧病在床。子路承担起整个家的重担,每天忙着打柴、挖野菜,收捡他们家仅有的一小块地里的黍米。

一天傍晚,子路背着柴、挎着一篮野菜回到家,刚到门口,就听到屋内父母的叹息声:"真想吃一碗白米饭呀!可怜孩子天天这样操劳,连一口白米饭都吃不上。"

"嘘,小声点儿!让孩子听见,他该难过了。这孩子为了我们真是太辛苦了。"

"怎样才能让生病的父母吃上白米饭呢?"子路左思右想,他想到最简单的办法,就是去亲戚家借。可是,那得翻过几座山,而现在天色已晚,山上可能有野兽啊!

最后,子路咬了咬牙,下定了决心。然后,他推门进屋,说道:"我回来啦。父亲母亲,今天感觉可好些了?我现在煮粥,今天的野菜很嫩。请稍等一会儿。"

伺候父母吃完热乎乎的粥,子路说:"父亲母亲,刚刚打柴时,我遇到了叔父的邻居。他说叔父让我过去一趟,有事相商。您二老在家好好休息,我去去就回。"

"天这么晚了,明天再去吧。"父亲不放心子路天黑走山路。

"没关系,有叔父的邻居陪着我呢,放心吧。"子路安顿好父母,拿上一个小口袋就出门了。

天色越来越黑，子路强忍着内心的恐惧，加快脚步，翻过一座又一座山。天色微明时，子路终于来到了叔父家。看到汗流浃背的子路，叔父被他的孝顺深深打动，给子路装了满满一口袋米。

子路谢过叔父，连口水都没顾上喝，就立刻返程了。

父母看到赶了一天一夜路的子路，既感动又心疼。母亲眼含热泪，哽咽地说："孩子，辛苦你了。都怪我们身体不好，让你如此费心照顾我们。"

子路懂事地说："父亲母亲，你们生我养我这么大，现在正是需要我孝顺你们的时候呀。"

当子路把两碗香喷喷的白米饭端到父母手中，看到他们满足的神情时，他觉得，所有的辛苦都是值得的。

爸爸不在家时，妈妈生病了，怎么办？

爸爸出差不在家，妈妈突然染上了重感冒，需要好好休息。这时，你可以尝试为妈妈做一些力所能及的事情，让妈妈感受到你的关爱。

按时提醒妈妈吃药

根据医生或药品上的提示，按时提醒妈妈吃药，并帮忙倒好水。在妈妈有需要的时候，为妈妈提供相应帮助，比如跑腿、按摩等。

保证妈妈的休息

你不要像往常一样动不动就去找妈妈、打搅妈妈，要独立做好自己该做的事情，让妈妈得到充分的休息，这就是对妈妈最好的照顾。

扬名于后世,以显父母

最大的孝顺是让父母感到荣耀

且夫孝,始于事亲①,中②于事君,终于立身③。扬名于后世,以显④父母,此孝之大者。

——汉·司马谈《命子迁》

注释

① 事亲:孝敬、侍奉长辈。
② 中:中间。这里引申为进一步。
③ 立身:立足安身。
④ 显:使……显赫荣耀。

译文

所谓孝道,开始于孝敬父母双亲,更进一步是忠于君主,最终是自己立足安身,名声传扬到后世,使父母显赫荣耀,就是最大的孝道。

少康中兴

夏朝的时候,夏王太康因治国不力,被东夷有穷氏后羿所驱逐。后羿执政后期,荒淫无度,不理朝政,最终被寒浞杀害。寒浞又杀死了中康之子姒相,夺取了夏朝王位,统一了中原北方地区。

姒相被杀时,他的妻子正身怀六甲。为了保住夏朝唯一的王室血脉,姒相的妻子冒死逃回娘家,隐姓埋名,过着普通百姓的生活。没过多久,她生下一个儿子,取名少康。

少康在母亲含辛茹苦的抚养下,一天天长大。少康从小聪慧懂事,而且对母亲非常孝顺恭敬。

有一天,年幼的少康与小伙伴在外面玩到很晚才回到家。

发现母亲正襟危坐在桌前,少康连忙跪下,向母亲请罪:"母亲,是我贪玩忘记了时间,下次再也不敢了。"

母亲起身关上门,又坐在桌前。她没有让少康起来,而是郑重其事地说:"康儿,你知道你是谁吗?你知道你的父亲、祖父是谁吗?你知道你的身上背负着怎样的使命吗?"

母亲的话让少康有些摸不着头脑,他一直都对自己的身世非常好奇,很想知道自己的父亲是谁,在哪里。可是,他不敢问母亲,怕惹母亲伤心。

母亲把少康祖父太康被夺权,一直到她带着少康隐姓埋名至今的整个经过,原原本本地告诉了少康,最后叮嘱道:"康儿,你与别家孩子不同,你自生下来就背负着光复夏朝的使命!你要牢牢记住这一点!"

听了母亲的话,少康仿佛一下子长大了。他知道,他肩上的担子很重很重,他更知道,唯一不辜负母亲的方式,就是尽快成长、自立起来。自此,少康不再沉迷于玩乐之中,而且异常勤奋地读书学习、强身健体。

少康二十岁这年,拜别了母亲,来到虞国,希望借助虞国的力量达到复国的目的。年少有为的少康深得虞王的赏识,虞王不仅将自己的女儿嫁给了

少康，还赐给他封地——纶城，以及一旅的兵力。

在虞国的帮助下，少康又将夏后氏遗民聚集到身边。

少康在纶城励精图治，使百姓安居乐业，同时不断加强军事训练，扩大兵力。后来，京都安邑因为寒浞的暴政，民不聊生，百姓怨声载道。

少康知道复国的时机已到，在夏朝旧臣伯靡的接应下，他起兵一举打败了寒浞，恢复了夏朝统治。

成为夏王的少康，立即将母亲接回京都，尽心侍奉，让母亲得以安享晚年。

爸妈赚钱不容易，却要给你报很贵的课外班，怎么办？

你的父母每天早出晚归、辛辛苦苦地工作，平时各方面都很节俭，却要花很多钱给你报课外班，你很心疼他们。这时，你有两个选择。

选择一：做好不去课外班的准备

如果你不舍得父母花这份钱，可以向他们做个保证，保证在学校、在家里同样把学习成绩提升上去，这样就没必要去课外班了。

选择二：不辜负父母的心血

如果你没办法做到自立、自学，那么就在课外班认真地学习，朝着父母期望的样子去努力，才能不辜负他们的付出，这也是回报他们的最好方式。

老吾老以及人之老

不仅要爱父母，也要关爱其他人

孟子曰："老①吾老以及②人③之老，幼④吾幼以及人之幼。"

——《孟子·梁惠王上》

▶▶ 注释

①老：尊敬，敬重。
②及：波及，推广。
③人：他人，别人。
④幼：爱护。

▶▶ 译文

孟子说："尊敬自家的长辈，推广开去也尊敬别人家的长辈。爱护自家的孩子，推广开去也爱护别人家的孩子。"

天下无双,江夏黄香

东汉时期,有一个以孝顺出名的人,名叫黄香。

黄香九岁的时候,母亲因病去世了。他十分伤心,日夜思念母亲。他看到父亲因为忧伤过度日益消瘦憔悴,便把对母亲的爱都转到了父亲身上。

黄香家境清贫,他体谅父亲干活辛苦,就想办法照顾父亲的起居。

冬夜里,寒风刺骨,黄香早早钻进父亲的被子里,父亲以为他是怕冷躲了起来。没想到,黄香躺了一会儿就从被窝里钻了出来,对父亲说:"父亲,我把您的被子焐暖了,您快过来睡觉吧!"

父亲见儿子小小年纪就知道孝顺自己,非常感动。

夏天,天气热,蚊虫多。为了让每日辛勤劳作的父亲睡个好觉,黄香每晚都睡在父亲身侧,不停地为他摇扇,既让他感到凉爽又可以赶走蚊子。

一觉醒来,父亲看到黄香还在为他摇扇,不禁老泪纵横:"好孩子,让你受累了。"

黄香不仅孝顺长辈,读书也十分勤奋,他熟读儒家经典,还能写得一手好文章,被赞为"天下无双,江夏黄香"。

黄香的事迹被十里八乡广为传颂,最后传到了江夏太守的耳朵里。江夏太守把黄香召到府里任职,黄香感念太守的信任,做事十分认真负责。

几年后,汉章帝下诏允许黄香进京阅览官藏的典籍,又任命黄香为尚书郎。尽管深受皇帝重用,黄香却始终勤勤恳恳,不骄不躁。

在东郡任太守时,有一次,东平、清河两地有人造谣生事,牵连上千人。黄香不忍无辜民众因此获罪,就没日没夜地深入调查。查获真相后,黄香据实上奏,最终拯救了许多人的性命。

后来,黄香又升任魏郡太守。有一年,魏郡发大水,看到百姓饥寒交迫,流离失所,黄香非常心痛。

朝廷拨的赈灾款根本没办法满足百姓的需求,黄香对家人说道:"身为

父母官,我不能眼睁睁地看着百姓受苦受难,我要尽全力去解救他们于水火之中。"

黄香把自己的俸禄和多年积攒下来的赏赐都拿出来,用来购置粮食,又吩咐管家:"再把家里能拿出来的粮食收集一下,然后开粮仓,搭粥铺,赈灾!"

黄香的善举感动了郡里许多富豪人家,大家纷纷解囊,向灾民提供粮食等物品。在黄香的带动下,魏郡最终渡过了难关。

独居的邻居奶奶生病了,让你帮忙,怎么办?

邻居是一位独自居住的老奶奶。有一天,你放学的时候,老奶奶让你帮忙买点儿药,你很担心她的病情。这时,你需要去求助。

求助爸爸妈妈

把情况如实告诉爸爸妈妈,让他们帮忙做判断,比如要不要送老奶奶去医院,用药是否正确等,以免耽误病情,造成不可挽回的局面。

求助社区居委会

对于独居老人,社区居委会会提供一定的照顾。可以让父母帮忙联系居委会,让居委会为老奶奶提供更全面的帮助。

尊师以重道

尊敬师长，听从教诲

尊师以^①重道^②，爱众而亲^③仁^④。

——《增广贤文》

▶▶ **注释**

① 以：表目的关系连词。
② 重道：重视孔孟之道，这里指老师教授的知识。
③ 亲：亲近。
④ 仁：有德行的人。

▶▶ **译文**

　　以尊敬师长来体现重视老师的教诲，关爱他人并且亲近有德行的人。

张良拜师

战国末年,秦灭六国,称霸天下。

韩国有一位贵族青年,名叫张良,血气方刚,发誓要行刺秦始皇,为韩国报仇。他打探到秦始皇的出行路线和时间,制订了详尽的刺杀计划,却因为秦始皇早有防备而失败。

为了躲避官府的缉拿,张良一路奔逃,最后来到一个叫下邳的地方。

有一天,张良外出散步,刚走到一座桥上,就听到吧嗒一声,只见一双鞋落到他面前的地上。

张良抬头一看,前面不远处坐着一位穿褐色布衣的老翁,光着脚。

"你来,帮我把鞋捡起来。"老翁指着那双鞋,毫不客气地对张良说。

张良愣了一下,觉得这老翁不太礼貌,但看在他年纪大的分上,并没有计较,上前帮老翁捡起鞋子。

"帮我穿上!"老翁又吩咐道。

张良想着,反正鞋都捡起来了,穿就穿吧!于是,他蹲下来,帮老翁把鞋穿上。

只见老翁笑着点点头,说:"孺子可教也!五天后黎明时分,你在这里等我。"

张良有些疑惑地看着老翁离去的背影,觉得自己可能是遇到世外高人了,心中大喜。

五天后,天边刚刚出现鱼肚白,张良就匆匆赶到桥上。没想到,老翁已经站在桥上了,正对他怒目而视。

"与老人有约,竟然迟到,真是无礼!今天不说什么了,五天后再见!"老翁生气地拂袖而去。

张良羞愧得面红耳赤,只得回去。

又过了五天,张良不等鸡叫第二声,披上衣服就往外跑。结果,当他跑

到桥上时，老翁又等在那儿了。

"哼！"老翁狠狠地白了张良一眼，伸出五根手指，然后一句话没说就离开了。

转眼又过了五天，这回张良索性不睡觉了，深更半夜就跑到桥上去等老翁。这回，桥上除了他，一个人也没有。

没过一会儿，张良看见老翁缓缓向桥这边走来，赶紧恭恭敬敬地上前行礼："老人家，请您赐教！"

"嗯！"老翁满意地点点头，从衣袖里抽出一本书递给张良，"这本书你拿去读。这是王者之书，你熟读之后，就可以做帝王师了！"说完，老翁便飘然而去。

张良借着月光一看，竟然是《太公兵法》，大喜过望，忙向老翁离去的方向深深地作了个揖。

后来，张良果然成为汉高祖刘邦的左膀右臂，辅助他成就帝业。

课堂上，你发现老师讲错了一道题，怎么办？

数学课上，你无意中发现老师讲错了一道题，很想告诉老师，又怕老师不高兴。这时，你可以按照以下步骤去做。

步骤一：确认你的结论正确

在跟老师反馈之前，需要认真地确认自己的判断方式和答案是正确的，并弄清楚老师的错误在哪里，以免闹出笑话。

步骤二：课后与老师交流

课上打断老师讲课会显得很不礼貌，也可能会耽误课程进度。可以选择课后私下跟老师讨论，这样既不影响大家，又有充分的时间跟老师沟通。

礼义勿疏狂，逊让敦睦邻

与邻居相处要礼让

勤读圣贤书，尊师如重①亲；礼义勿疏狂，逊②让敦睦③邻。

——宋·范仲淹《范文正公家训百字铭》

▶▶ **注释**

①重：尊重，敬重。

②逊：谦逊。

③敦睦：亲善，和睦。

▶▶ **译文**

勤奋研读圣贤书，像对待父母一样尊重师长；做事礼义为先，千万不能疏忽别人、狂妄自大，谦逊忍让、态度宽厚和善邻里才能和睦。

张英谦让友邻

清康熙年间的文华殿大学士兼礼部尚书张英是一个学识渊博、品德高尚的人。

张英的老家在安徽桐城,他常年在京城为官,老母亲与兄弟姐妹等人在老家居住。

有一天,张英家的邻居吴家派人到张家打招呼说,吴家打算占用两家共用的巷子,扩建宅院。

"不行!那又不是你们吴家的巷子,你们不能想占就占。你们占用了,我们来回走动多不方便!"张英家的管家不等来人把话说完,就一口回绝了。

吴家虽没有张家位高权重,却也是当地的名门望族。吴家人见张家态度强势,也不甘示弱:"那巷子也不是你们张家的。再说,我们占用巷子并不

妨碍你家什么事，为什么不行？你们不要仗势欺人！"

"谁仗势欺人了？明明是你们要霸占共用的空间在先，你们还有理了？"

两家人互不相让，越吵越凶，一直闹到了官府。

桐城县县令一看来打官司的是张家和吴家，这两家可都不是一般人家，哪里是他一个小县官得罪得起的？县令苦口婆心地劝了半天，可两家公说公有理，婆说婆有理，谁也不肯退让一步。

这可怎么办呢？县令私下央告张英的母亲："张老夫人，这件事本官一时间实在无法定夺。不如您老人家修书一封，请张大人来定夺，如何？"

张老夫人心里也有气，正想着要差人去京城接儿子张英回来"主持公道"。听县令这么一说，她马上写好书信，派人快马加鞭送往京城。

就在等信的那几天，张、吴两家每天派人守在巷子口，一边坚持要拆建，一边坚决不许动工。

张英的回信终于到了。张老夫人兴冲冲地拆开信，没想到，张英只是写了一首诗作为回复："一纸书来只为墙，让他三尺又何妨？长城万里今犹在，

不见当年秦始皇。"

张老夫人立刻明白了儿子的意思，也理解了儿子的良苦用心。她当即差人去吴家道歉，还主动拆掉自家围墙，往里退了三尺重建起来。

看到张家如此大度、明理，吴家深感惭愧，不但没有按原计划扩建宅院，还和张家一样，拆掉自家的围墙，往里缩了三尺，重新建墙。

从此，张家和吴家之间的巷子又宽了六尺，不但方便两家行走，也给周围的邻居们通行提供了便利。

如今的"六尺巷"，已成为安徽桐城有名的旅游景点。

邻居小孩不经允许玩我的球，怎么办？

你在小区广场玩耍时，邻居小孩没有经过你的允许，直接去踢你的足球，你觉得他很没有礼貌。这时，你需要表明两个"态度"。

表明所有权

主动跟邻居小孩表明足球是你的，使用它，要经过你的允许，而不能没有礼貌地私自使用。沟通时，要注意语气和态度，不要刻意加深矛盾。

表示友好

在邻居小孩表达歉意后，可以和对方商议一起玩球，表现出友好的态度。这样，你们以后见面时不仅不会尴尬，还可能产生友谊。

见贫苦亲邻，须加温恤

关心并帮助有困难的邻居

与肩挑①贸易，毋②占便宜；见贫苦亲邻，须加温恤③。

——清·朱柏庐《朱子治家格言》

▶▶ 注释

①肩挑：指货郎。

②毋：不要。

③恤：体恤，帮助。

▶▶ 译文

向货郎买东西，不要斤斤计较，占小便宜。遇到穷困的亲戚邻居，要体恤他们，并给予他们帮助。

草堂打枣

唐代大诗人杜甫虽然满腹才华,却在科考中屡试不第。怀才不遇、郁郁不得志的他在大历二年(767年)流落到夔州(今重庆奉节)瀼西,在一间草堂住下。

杜甫和家人在简陋的草堂中过着十分清贫的日子。

杜甫家的草堂外,长着几株高大的枣树,每到秋季,枣树上便挂满了又大又红的枣子。杜甫一家会把大枣摘下来,储存好,当买不起粮米时,就靠吃大枣充饥。

草堂的西边,住着一位无儿无女、孤苦无依的老婆婆。秋天大枣成熟后,这位老婆婆每天都会挎着一只破旧的竹篮,拖着一根长竿来到杜甫家的草堂外打枣。

每次老婆婆来打枣的时候,杜甫就让家人待在屋里不出门,假装家里没有人的样子。

有时候，杜甫确实有事要出门，老婆婆看到杜甫，就讪讪地笑一下，继续打枣。

"您老来了？要不要进屋喝点儿热茶？"杜甫也不阻止她，反而热情地邀请她去家里坐坐。

老婆婆连连摆手，答道："不了，不了，我打点儿枣就行。"

后来，杜甫一家搬到东屯居住，把草堂让给了一家姓吴的亲戚。

有一天，杜甫回到草堂拜访亲戚，发现草堂被亲戚整修一新，草堂周围还用篱笆把几株枣树也圈进了小院里，树上结满了又大又红的枣子。

"你这小院整理得真不错啊！对了，住在西边那个老婆婆有没有过来打枣子？"杜甫一直惦记着那个孤苦无依的老婆婆。

"那个老婆婆呀！我刚搬来时，她老是来打枣子，一打就是一竹篮，好像这些枣树是她家的一样。所以我就围起小院，不让她进来了。"

"哦！"杜甫没再说什么，只在草堂小坐了一会儿就回去了。

回到家后,杜甫左思右想,心中甚是不安,于是提笔写下一首诗:

又呈吴郎

堂前扑枣任西邻,无食无儿一妇人。
不为困穷宁有此?只缘恐惧转须亲。
即防远客虽多事,便插疏篱却甚真。
已诉征求贫到骨,正思戎马泪盈巾。

杜甫将这首诗寄给了亲戚。亲戚收到后,明白了杜甫的用意,十分惭愧。他亲自打了满满一大竹篮枣子,送到住在西边的老婆婆家里。

"老人家,是我考虑不周,请不要见怪!"亲戚真诚地向老婆婆道歉,还告诉她,小院的篱笆已经拆掉了,她可以随时去打枣了。

邻居小朋友因为玩具少,很想体验你的玩具,怎么办?

你家里有很多玩具,而邻居小朋友因为家里条件有限,玩具很少,很想体验你的玩具。这时,你需要做到两个"不勉强"。

不勉强自己

不勉强自己一定分享所有玩具,对于不愿意分享的玩具可以提前与对方沟通好,然后去分享其他愿意分享的玩具。

不勉强别人

即便是好意的分享,也要尊重别人的意愿。比如你分享的玩具,别人并不喜欢,就不能勉强别人陪你玩。

少年读中华家训

立志

自主学习能力的提升

严晓萍 编著　九堆漫画 绘图

北京理工大学出版社
BEIJING INSTITUTE OF TECHNOLOGY PRESS

版权专有　侵权必究

图书在版编目（CIP）数据

立志：自主学习能力的提升 / 严晓萍编著；九堆漫画绘图 . -- 北京：北京理工大学出版社，2023.12

（少年读中华家训）

ISBN 978-7-5763-3067-0

Ⅰ . ①立… Ⅱ . ①严… ②九… Ⅲ . ①家庭道德—中国—少儿读物 Ⅳ . ① B823.1-49

中国国家版本馆 CIP 数据核字（2023）第 210707 号

责任编辑：李慧智	文案编辑：李慧智
责任校对：王雅静	责任印制：施胜娟

出版发行 / 北京理工大学出版社有限责任公司
社　　址 / 北京市丰台区四合庄路 6 号
邮　　编 / 100070
电　　话 /（010）68944451（大众售后服务热线）
　　　　　（010）68912824（大众售后服务热线）
网　　址 / http://www.bitpress.com.cn

版 印 次 / 2023 年 12 月第 1 版第 1 次印刷
印　　刷 / 三河市金元印装有限公司
开　　本 / 710 mm × 1000 mm　1/16
印　　张 / 9.5
字　　数 / 130 千字
定　　价 / 119.00 元（全 3 册）

图书出现印装质量问题，请拨打售后服务热线，负责调换

序

"勿以恶小而为之，勿以善小而不为。"

"一粥一饭，当思来之不易。"

"修身齐家，治国平天下。"

"勤俭当先，诗书第一。"

……

这些话，大多数都曾被我们的父母等长辈们用来教育我们，在潜移默化中影响着我们的所思、所行。这些话并不是长辈们信口开河，而是极具智慧的古人一代一代传承下来的经典家训。

所谓家训，是家族或家庭用于训诫、教育子弟后代的话，蕴含着丰富的中华传统文化思想，萃集了经各代先贤淬炼的哲理，其中很多内容至今仍是中国人修身、处世、治家、为学的珍贵宝典。还有很多名言佳句，在后世的家庭教育中被人们广为引用，起到了不可忽视的作用，亦被列入家训之列。

当我们在学习或生活中，遇到难题不敢去尝试，轻易就想放弃的时候，不妨想想清代彭端淑的话："天下事有难易乎？为之，则难者亦易矣；不为，则易者亦难矣。"他告诉我们世上无难事，只怕有心人，鼓励我们克服困难，大胆前行。

在与人相处的过程中，难免会因为误会或者矛盾而受到伤害，这时，我们可以看看曾国藩在《曾国藩家书》中的话："须从'恕'字痛下功夫，随时皆设身以处地。"他告诉我们要尝试宽恕别人的过失，不要因为一时冲动做出后悔莫及的事，随时站在别人的立场上考虑问题。

做人做事，要明白"君子和而不同，小人同而不和"的道理，与人和谐相处的同时，懂得坚持自己的原则。

对待父母，要懂得"孝当竭力，非徒养身。鸦有反哺之孝，羊知跪乳之恩"，尽心竭力地孝顺父母。

关于交友，《孔子家语》中说："与善人居，如入芝兰之室，久而不闻其香，即与之化矣；与不善人居，如入鲍鱼之肆，久而不闻其臭，亦与之化矣。是以君子必慎其所处者焉。"提醒我们选择朋友要慎重，远离品行恶劣的人。

古人在家风家训方面给我们留下了大量宝贵的精神财

富，比如西周时期有周公的《诫伯禽书》，三国时期有诸葛亮的《诫子书》《诫外甥书》，南北朝时期有颜之推的《颜氏家训》，宋代有朱熹的《朱子家训》，清代有朱柏庐的《朱子治家格言》、曾国藩的《曾国藩家书》，等等。还有《论语》《礼记》《弟子规》等，亦是适用于教育子孙后代的最佳"家训"。

"少年读中华家训"系列从这些经典的家训中精心遴选了105条，分为立品、立世、立志三个分册，都是与当今孩子的生活和成长息息相关的内容，力求培养孩子的好品格、好习惯，塑造孩子的高情商和社会能力，提升孩子的自主学习能力。每一条家训都以故事的形式进行阐释和解读，情节生动，语言简洁，让孩子们充分领悟到家训的精髓所在。另外，"古训今用"板块，将经典的古训与当今孩子的现实生活紧密联系，先提出孩子可能面临的问题，再结合家训的内容，以及实际情况，给出切实有效的指导方案。

一条条家训仿佛一颗颗历经了千百年风霜磨砺的明珠，

闪耀在我们的人生道路上，指引着我们前进的方向；又仿佛润物细无声的丝丝春雨，滋养我们的心灵，让我们在人生旅途上拥有披荆斩棘的力量。

今天，我们把这一颗颗明珠穿成珠串，把这一丝丝细雨织成雨帘，珍重地呈献在大家面前。希望孩子们能在课余时间，在几乎被电子产品填满的生活里，静下心来，聆听一下这些影响了一代又一代人的家训，感受一下中国传统文化的无穷魅力。

知之为知之，不知为不知
/// 不会就是不会，没必要逞强 1

不可自小，又不可自大
/// 学不会不要自卑，学得好不要自满 5

敏而好学，不耻下问
/// 向别人请教问题是好学的表现 9

三人行，必有我师焉
/// 看到别人比你厉害的地方，并向他学习 13

温故而知新
/// 知识要经常复习，不能学过就扔 17

业精于勤，荒于嬉
/// 不能因为贪玩而荒废学业 21

读书百遍，其义自见
/// 书要多次熟读才能真正领会内涵 25

读书有"三到"
/// 掌握读书的方法才能达到读书的效果 29

读书要循序渐进，熟读深思
/// 读书要认真思考，才能有所收获 33

坐破寒毡，磨穿铁砚
/// 读书要能吃苦，有恒心 ········· 37

天将降大任于是人也
/// 只有历经辛苦和磨难，才能担负重任 ········· 41

磨砺当如百炼之金
/// 学习不能因一时成绩不佳就放弃 ········· 45

不积跬步，无以至千里
/// 做任何事情都不能急于求成，要一点点来 ········· 49

大才非学不成
/// 只有聪明不够，还要足够努力才行 ········· 53

人一能之，己百之
/// 用更多的努力弥补天资不足 ········· 57

人生在世，会当有业
/// 什么都学，不如专注学一样 ········· 61

事无终始，无务多业
/// 做事有始有终，还要专注 ········· 65

苟不能发奋自立，则家塾不宜读书
/// 学习的时候，不能被外界所影响 ········· 69

目录

凡全副精神专注一事
/// 学习要专注，不能三心二意 73

锲而不舍，金石可镂
/// 做事情贵在坚持 77

凡事豫则立，不豫则废
/// 有计划地学习才能提升效率 81

声声入耳，事事关心
/// 成绩不等于见识，学习不能只靠读书 85

学而不知道，与不学同
/// 深入掌握知识，并学以致用 89

举一隅而以三隅反
/// 学习要融会贯通，灵活运用 93

自其外者学之，而得于内者，谓之明
/// 要想办法把学到的知识变成自己的 97

规模远大与综理密微，二者阙一不可
/// 要想获得成功，小事也要认真去做 101

一字值千金
/// 不要小瞧一两个字的小错误 105

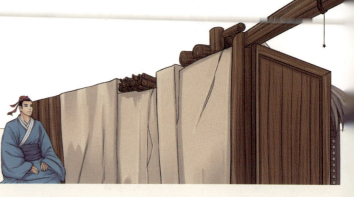

厚积而薄发
/// 知识储备越充实越好 **109**

非学无以广才
/// 学习可以提升自我 **113**

黑发不知勤学早，白首方悔读书迟
/// 读书越早越好 **117**

做到老，学到老
/// 只要肯学习，什么时候都不晚 **121**

匹夫不可夺志也
/// 坚定自己的志向，不轻易受外界影响 **125**

烈士暮年，壮心不已
/// 失败不要气馁，坚持才会胜利 **129**

君子立长志
/// 确定一个梦想，坚定地去实现 **133**

非淡泊无以明志
/// 内心淡泊才能更好地实现目标 **137**

知之为知之，不知为不知

不会就是不会，没必要逞强

知①之为知之，不知为不知，是知②也。

——《论语》

▶▶ 注释

① 知：了解，知道。
② 知：同"智"，智慧。

▶▶ 译文

　　知道就是知道，不知道就是不知道，不弄虚作假，不自作聪明，才是真正的智慧。

被难住的孔子

　　孔子周游列国时，有一天早晨，孔子乘车朝下一个诸侯国行进。这天清风徐徐，阳光明媚，孔子不由得心情大好。

　　突然，传来一阵争吵声，听声音是两个儿童。孔子很好奇，问随从："你听到孩子们在吵什么吗？"

　　随从笑道："先生，我没听出他们吵什么。不过孩子们争吵很正常，估计转眼就和好了。"

　　"不对，不像一般的吵架。我听他们好像在说太阳什么的，"说着，孔子从车上下来，"走，去看看。"

　　孔子带着随从循着声音走过去，只见两个十岁左右的男孩，不时地对着天空指指点点，争得面红耳赤。

　　孔子走上前，亲切地问："小朋友，你们在争辩什么呢？"

　　两个孩子看了看孔子，并不认识，因此没有说话。

　　这时，孔子的随从说道："你们应该不认识他，但也许听说过他，他就是孔子。"

　　两个孩子一听是孔子，赶紧向孔子深深鞠了一躬。其中一个男孩说道："原来是夫子呀。看见您太好了，您来给我们评评理，看我们谁说得有道理。"

　　另一个男孩抢着说："我们在争论太阳什么时候离我们最近。我认为是太阳刚出来的时候，而中午时离我们远些。他的看法正好和我相反，他认为中午的太阳离我们近，早上的太阳离我们远。"

　　孔子觉得这个问题很有意思，他倒是从来没想过这个问题，于是笑着问道："那你们这样判断的理由是什么呢？"

　　认为早上的太阳离得近的男孩说："太阳刚出来时，大得像车轮子，到了中午，就只有盘子那么大了。这就像我们看东西：当东西离我们近时，看起来就大；而当东西远离我们时，看起来就小。难道不是这个道理吗？"

另一个男孩不服气了,说道:"早上太阳刚升起来时,我们感觉凉飕飕的;而到了中午,却像个火球一样让人感觉热烘烘的。这就好比一团火,我们靠得越近越热,离得越远就越感觉不到热一样。"

孔子觉得两个孩子说得都有道理,自己也确实没研究过太阳与地面的距离,一时无法评判。于是,他老老实实地说道:"这个问题我也不知道啊。等我去问更有学问的人,有了结果再来告诉你们。"

两个小孩不禁笑了起来:"谁说您知识渊博、无所不知呢?原来您也有不会的问题呀!"

作为学习委员,担心做错题被笑话,怎么办?

你是学习委员,学习成绩一直很好。可是今天数学考试,有一道题大多数同学都对了,你却做错了,你很怕别人笑话你。这时,你要调整两个心态。

对班干部有正确的认知

班干部也是普通人,有不会做的题或者做错题都很正常。遇到难题积极向老师或同学请教,反而更能起到班干部的带头作用。

保持谦逊的态度

没有人是无所不知的,就连孔子都有不会的问题。我们要像孔子一样,保持谦逊的态度,坦承自己的不足,才能正确地认识自己,更利于取长补短。

不可自小，又不可自大

学不会不要自卑，学得好不要自满

人之为学，不可自小①，又不可自大②。

——明·顾炎武《日知录》

▶▶ **注释**

① 自小：自卑。
② 自大：骄傲、自满。

▶▶ **译文**

在学习的过程中，不要（在渊博浩瀚的知识面前）感到自卑，也不要（因为学到一点点知识就）骄傲自满。

用于警示的器皿

有一回,孔子带着弟子们去参观鲁桓公的庙。庙门前有一位守庙的人,见孔子率弟子们前来,便说:"你们可以随意参观。"

众人道谢后,便在庙里参观了起来。其中一名弟子看到供桌上有一只倾斜的器皿,忍不住上前把它摆正。然而,不管他怎么摆放,只要一松手,器皿就自动恢复倾斜状。

无奈,这名弟子喊来孔子,请教道:"老师,这器皿为什么会如此摆放?"

孔子看了看,一时也没弄清楚其用意,便说:"我也不知道,不过没关系,我们一起去问问守庙的人。"

弟子们不由得有些诧异,没想到老师也有不知道的事。孔子完全没有觉得不好意思,大大方方地领着弟子们去找守庙人,恭敬地问道:"请问,那张供桌上的器皿,是做什么用的?为什么倾斜着摆放?"

守庙人跟众人来到器皿前,想了想说:"这应该是君主放在座位右边用来警示自己的器皿。"

"器皿如何警示君主呢?"弟子们不解地问。

孔子又仔细看了看器皿,顿时明白了。他笑着对大家说:"我倒是听说过这种器皿。器皿空着的时候就会倾斜;只要往里面注入一半的水,它就会摆正。如果继续注满的话,它就翻倒了。"

"原来是这样啊!"弟子们恍然大悟,忍不住问道,"我们可以试试往器皿里加水吗?亲自验证下这器皿的神奇之处。"

孔子转头征询守庙人的意见,守庙人说道:"当然可以。"

于是,弟子们在附近找到一个小桶,舀满水,然后慢慢地把水注入器皿中。大家都屏息静气地关注着器皿的变化。

果然,当注入一半水的时候,本来倾斜的器皿摆正了。众弟子兴奋地喊道:"老师,果然像您说的那样。您太博学了。"

孔子笑着说:"继续注满水,再看看。"

拿小桶的弟子继续往器皿里注水,当器皿里注满水后,果然翻倒了,水全洒了出来。

孔子指着器皿对众弟子说道:"现在大家明白了吗?君王就是用这个器皿来时刻告诫自己,无论是学习还是处理政务,既不能妄自菲薄看轻自己,也不能骄傲自大,自以为是。否则,就会如这器皿一般,要么无法摆正自己,要么就功亏一篑,全盘皆输。"

弟子们听后,都郑重地点点头,表示受教了。

你因为学习成绩不太好,有点儿自卑,怎么办?

你上课的时候专心听讲,课后也会认真完成作业,可成绩就是提升不上去。你觉得自己很笨,有点儿自卑。这时,你可以制作两张自信卡。

自信卡一:表扬卡

做一张卡片,把你获得老师表扬的地方写在上面,比如积极回答问题、专注、书写工整等,时刻提醒自己,你并不差,继续努力就好。

自信卡二:目标卡

给自己制定一个小目标,比如下一次考试进步五分或一个名次。清晰地看到自己的每一次进步,会让你更有信心坚持下去。

敏而好学，不耻下问

向别人请教问题是好学的表现

敏①而好②学，不耻③下问。

——《论语》

>> **注释**

① 敏：聪明。

② 好：喜好。

③ 耻：以……为耻。

>> **译文**

天资聪明而又好学，不以向地位、学问比自己低的人请教为耻。

不认识草药的李时珍

明代医药学家李时珍为了写好《本草纲目》，不仅广泛搜集各种药书认真研读，还亲自去采草药，反复实践论证。

有一天，李时珍采完药回到客栈时，看见几个车夫打扮的人围着一口锅叽叽喳喳地说话，锅里煮着一种草，一股好闻的青草味在空气中弥漫着。

李时珍吸了吸鼻子，闻了半天也没闻出是什么草，便好奇地走过去。他探头往锅里看了看，竟然是从来没见过的一种草，便问："请问，你们在煮什么草？"

"鼓子花。"一位车夫说。

"也叫旋花。"另一位车夫补充道。他见李时珍携带的背篓里有不少草药，

继续说道:"这种花有舒筋活血、益气强筋的作用,我们这些干苦力的,每天喝一点儿用它煮的水就感觉精力十足。"

李时珍从来没听说过这种草,想到又发现了一种新药,非常兴奋,连忙问道:"几位大哥,能告诉我,你们从哪里找到这种草的吗?"

他们看着李时珍的样子,不由得嘲笑道:"看你的样子是个大夫吧?你采了这么多草药,怎么会连鼓子花都不知道呢?"

"我之前确实没听说过,所以现在要好好向你们请教一下。"李时珍不仅没生气,而且态度很是恭敬。

几位车夫见李时珍真心请教,也不再为难他,带着他来到不远处的一片草丛。那里有很多开着淡红色喇叭状花的草,细长的茎和周边的草互相缠绕着。

"我们拔的就是这个。"一位车夫边说边拔了一株鼓子花,交给李时珍。

李时珍认真地闻了闻,然后把鼓子花放进自己的竹篓里,又请求道:"我能喝点儿你们刚刚煮好的水吗?"

"当然可以啊,只要你不嫌弃我们的碗不干净就行。"

"当然不嫌弃,感谢还来不及呢!"李时珍说着径直走到煮草的锅前,拿起放在一旁的碗,舀了一大勺草药水,一口一口地品尝起来,直到喝完整整一碗才放下。然后,李时珍对着车夫们作了一个揖,说道:"你们教我认识了一种新的草药,就是我的老师,在此郑重谢过。"

告别几位车夫后,李时珍快步回到客栈,把鼓子花的形状、药效等详详细细地记录了下来。自此,《本草纲目》中又多了一味新草药。

作为班长,觉得向同学请教问题很没面子,怎么办?

作为班长,你的学习成绩一直很好,同学遇到难题都会向你请教。今天你有一道数学题不会,老师又不在,你觉得向同学请教太没面子。这时,你需要两个清醒的"认识"。

认识一:向别人请教问题是好学的表现

在学习面前,无论是班干部还是普通同学,甚至是老师、家长,都是平等的。只要自己有不懂的问题,向任何人请教都是好学的表现,不必难为情,这才是应有的学习态度。

认识二:任何人都会遇到难题

没有人是无所不知的,甚至老师也有被难住的时候,所以不要因为自己不懂就觉得羞耻。遇到难题是很正常的,只要及时解决掉就好。

三人行，必有我师焉

看到别人比你厉害的地方，并向他学习

三①人行，必有我师焉②；择③其善者而从之，其不善者而改之。

——《论语》

▶▶ 注释

① 三：虚词，几个。
② 焉：语气助词，没有实际意义。
③ 择：选择。

▶▶ 译文

几个人在一起，一定有我可以学习的人。选择他好的方面学习，对于他不好的方面，要自我反省，是否有同样的问题，如果有就改正。

华佗拜师

华佗是东汉时期著名的医学家。起初，他只是一个名不见经传的小郎中，因为不断地向别人学习，取长补短，终于成了一代名医。

一天，华佗的医馆来了个年轻人，进门就抱着头喊："神医，救命啊，我这脑袋，疼得快不是我自己的了。"

华佗让他坐好，然后把手搭在他的脉上。片刻之后，华佗有点儿为难地说："你得的是头风病。我这里倒是有药，只是没药引子。"

年轻人一听有药，激动地拉着华佗问："需要什么药引子啊？我去找来。"

"活人的脑子。"华佗说。

年轻人一听，心想：这不是要人命吗？谁愿意不要命把自己的脑子贡献出来呢？他顿时心灰意冷，回家去了。

年轻人回家后，头疼得更厉害了。无奈，他又去找别的老大夫。老大夫得知华佗的药引后，哈哈大笑，说道："不用找活人的脑子，只用十顶人们戴过好多年的旧草帽煎汤喝就行了。"

年轻人按照老大夫的方法煎药、吃药，果然药到病除。

不久，华佗在街上碰到了这个年轻人，见他生龙活虎的，奇怪地问："咦，找到药引了？"

小伙子笑着说："您说的药引子我没找到，但是一位老大夫给我开了别的药引子和方子。"

华佗知道这是一位能力在自己之上的医者，很想去请教请教。不过，医者独有的秘方一般不会轻易告诉他人。于是，华佗打算隐瞒身份，去跟这位老大夫学医。

华佗这一学就是三年，虽然老大夫一直没有教授他治疗头风病的办法，但他仍然受益匪浅。

有一天，老大夫外出了，这时医馆来了一个病人，肚子大得出奇。其他

学徒都不敢开方，只有华佗一眼就看出来病人得的是膨胀病。华佗给病人开了砒霜，并再三交代分两次吃。

老大夫回来后，听说华佗竟然开出和自己一样的方子，而知道这个方子的人寥寥无几。老大夫大胆猜测道："你是华佗？"

华佗不好再隐瞒，只好把学医的原委告诉了老大夫。

老大夫拉着华佗的手，说道："你如果直接问我，我一定会告诉你的。你看，竟然让你在我这穷乡僻壤吃了三年苦。"

华佗恭恭敬敬地对老大夫行了一个礼，说："老师，每位医者都学有所长，而这三年来，我从您这里学习了很多。所以无论任何时候，您都是我的老师。"

打篮球时，被学习"差"的同学秒杀，你不服气怎么办？

你的同桌学习成绩很一般，总是向你请教很多问题，让你很有成就感。可是篮球课上，同桌的球技完全秒杀你，你心里很不服气。这时，你需要有两个正确的"认识"。

认识一：要正视别人的优点

每个人都有不足，同样也有优点。同桌在学习上可能存在不足，但他的优点是擅长打篮球。正视别人的优点也是一种可贵的品质。

认识二：虚心地学习别人的长处

既然同桌能够认识到自己的不足，虚心地向你请教，你为什么不能向同桌请教呢？尽管没人能够尽善尽美，但可以尽可能地学习别人的长处，弥补自己的不足。

温故而知新

知识要经常复习,不能学过就扔

温①故②而知③新,可以为师矣。

——《论语》

> **注释**
>
> ①温:温习。
> ②故:旧的。
> ③知:知道,掌握。

> **译文**
>
> 温习旧知识,从而得到新的理解与体会,凭借这一点就可以去教授别人了。

孔子弹琴

孔子年轻的时候,曾前往鲁国拜师襄子为师,学习琴艺。师襄子是鲁国的乐官,在音乐上有很深的造诣。他听说孔子来访,忙迎出大门。

两人见面,非常高兴。寒暄过后,孔子郑重地向师襄子行了一礼,说道:"今日我来,是要拜您为师,向您求教琴艺的,希望您能够不吝赐教。"

师襄子连忙扶起孔子,说道:"能够教授仲尼琴艺,实在是我的荣幸啊!"说着,师襄子命人拿琴过来,信手弹奏了一曲。

师襄子弹完,请孔子到后面的庭院中,在那儿练琴。孔子十分认真地弹了一遍又一遍,三日后,终于能弹得很熟练了。

师襄子听完孔子的弹奏,一边鼓掌一边说:"此曲你已经弹得很熟练了,我可以教你新的曲子了。"

孔子摇摇头说:"此曲虽已练熟,但是我觉得自己的技巧尚显生疏,容我继续练习。"师襄子点点头。

又过去了三天,师襄子来找孔子。听完孔子的弹奏,师襄子由衷地夸赞道:"仲尼,你现在的琴艺已经超过很多琴师了。而且,相较于三天前,你的技巧更加纯熟,琴音悠远绵长,几乎没有什么瑕疵了。我觉得完全可以教你新的曲子了。"

孔子还是摇摇头,说道:"我的指法、技巧虽已练熟,但还没有很好地领会此曲的韵味,也没有想象出曲作者作曲时的心态,请容我再练三日!"

师襄子虽然不明白孔子为什么要反复弹奏,还是答应了:"行啊,你继续练,过三天我再来看你。"

到了孔子练琴的第十天,师襄子再听孔子的琴声,仿佛有了生命,听出了大海波涛的浩瀚,听出了海面上圆月的清幽,听出了鱼儿的嬉戏,甚至听出了浪花的欢乐。

琴声都停了,师襄子还沉醉在余音袅袅的乐曲中。

孔子看到师襄子站在一旁，激动地说："弹着弹着，我仿佛看到曲作者了。那是个身材魁梧、肤色黝黑、眼光明亮、性情敦厚的男人，具有统治天下的帝王气魄。除了文王，谁还能创作出这样的乐曲呢？"

师襄子闻言，吃惊地说："此曲正是文王所作，名《文王操》。仲尼，你真是聪明过人，一下子便悟到了周乐之精义！"

孔子说："多谢夫子教诲，丘不虚此行，今日就告辞了。"

师襄子也觉得孔子的造诣已经无须再学习更多曲子，只好与孔子依依惜别了。

有一本名著你早就看过了，妈妈还让你再看，怎么办？

妈妈给你买了几本名著，你很早就看过了，可现在妈妈让你再拿出来看一遍，你觉得没有必要。这时，你需要端正学习的态度。

阅读并不是简单的"看过"

真正的阅读并不是翻过一遍或简单读过一遍就行了，最基本的要求是能够把看过的内容讲述出来，进而还要了解其中内在的含义，否则就是不合格的阅读。

读得越多，收获越多

一本书每读一次就会有不同的感受和收获，所以不要以为多读几遍是浪费时间。有时候多次深入地感受同一本书，比粗读几本书要有意义得多。

业精于勤，荒于嬉

不能因为贪玩而荒废学业

业①精②于勤，荒于嬉；行成于思，毁于随③。

——唐·韩愈《进学解》

注释

① 业：学业。
② 精：精通。
③ 随：随意，率性而为。

译文

学业因为勤奋而日益精进，因沉迷于玩乐而荒废。遇到事情，行动之前要认真思考才能获得成功，随随便便、率性而为只会失败。

勤奋学习的韩愈

韩愈是唐代著名文学家,被列为唐宋八大家之一。他之所以能取得如此成就,全得益于勤奋刻苦学习。

韩愈三岁时,父母双亡,是哥哥和嫂子把他养大的。哥哥和嫂子待韩愈极好,就像对待自己亲生的孩子一样。韩愈十岁那年,哥哥韩会不幸因病去世。在朋友们的帮助下,嫂嫂郑氏带着韩愈和儿子韩老成回到了故乡河南河阳。

安葬完韩会,嫂嫂郑氏对韩愈和韩老成说:"现在,咱们家就剩我们三个人了,我负责家务,你们负责努力学习做学问,不要荒废大好时光。"

郑氏又把他们领到书房,韩家几代都有人做官,很注重读书,所以家里的藏书很多。郑氏也是上过学的,她指着满满几架子书,对两个孩子说:"从明天起,你们不能只想着玩了,就从《论语》《孟子》读起吧,有不懂的地方来问我。"

第二天一早,一听到公鸡"喔喔"叫,韩愈就醒了。他推推睡在身边的韩老成:"起来起来,我们要开始早读了。"

"让我再睡会儿吧,我太困了。你看,天都没亮呢。"韩老成指指窗外的天,翻个身继续睡。

韩愈直接掀开韩老成的被子:"我是你的叔叔,我是长辈,你必须听我的。"说完,他使劲儿将韩老成从床上拽了起来。

不一会儿,书房里就传来琅琅的读书声,已经开始织布的郑氏欣慰地笑了。

就这样,每天早上,韩愈都和韩老成一起早早地起床读书,遇到不懂的地方,就请教郑氏,如果郑氏也不懂,就去问别人。

转眼夏天到了,天气炎热。一天中午,韩老成对韩愈说:"今天天气太热了,我们去小河里游泳,凉快凉快吧。"韩愈想了想,同意了,此时他也浑身是汗,热得不行。

清凉的河水冲走了满身的暑热,韩愈和韩老成一泡就是一下午。回到家

的时候，他们看到郑氏正在书房里坐着，书桌上是早上他们看过的书。

郑氏一句话没说，就是静静地看着他们。韩愈从嫂子的眼神里看到了失望，心里很是惭愧。

韩愈对郑氏保证道："嫂子，您放心，从今以后，我一定会以学业为重，不会沉迷于玩乐的。"

当天，为了惩罚自己，韩愈一直学习到深夜还不肯休息，直到把当天的学习任务全都完成。

此后，韩愈更加严格要求自己，除了必要的玩乐，全身心地投入学业中去，直至成为一代大文学家，也没有放松过学习。

最近迷上一个游戏，脑子里不停想着它，怎么办？

你最近迷上一个电子游戏，吃饭、睡觉，甚至上课的时候都在想着它，导致被老师批评多次。这时，你要进行一下"大脑清理"工作。

把自己和游戏彻底隔离

把游戏的设备以及相关的东西全部收拾起来，放在平时看不到的地方。同时，让大家不要提与游戏相关的话题，逐渐淡化游戏的影响。

转移注意力

把原定玩电子游戏的时间用到户外活动上，比如踢球、跳绳、做游戏等，不仅能够转移对电子游戏的注意力，还能锻炼身体。

读书百遍,其义自见

书要多次熟读才能真正领会内涵

古人云:"读书百遍,其义①自见②。"谓读得熟,则不待解说,自晓其义也。

——宋·朱熹《读书要三到》

▶▶ 注释

①义:意思。
②见:同"现",显现,领会。

▶▶ 译文

古人说:"读书百遍,其义自见。"意思是说,一本书只要熟读,不用等别人讲解,自己就能领会其中的内涵。

不肯当老师的董遇

三国时期有个叫董遇的人。他自幼生活贫苦,却非常爱读书。他随时随地拿着书,只要一有空闲,就会看书。

哥哥看他整天捧着书,就讥笑他:"要不你和书去过日子吧,看看书能不能给你饭吃,给你衣服穿。"董遇听了,笑笑不说话,依旧看他的书。

董遇成年后,对《老子》进行了非常深入的研究,还为该书作了注解。人们只要读《老子》,就会想起董遇。

有一天,有个年轻人来找董遇,说是有事求教。家人把年轻人引进书房时,董遇正在看书。

董遇见有人来访,放下手中的书,问道:"找我有事?"

年轻人恭恭敬敬地向董遇鞠了一躬,然后说道:"我想拜您为师,跟您学习《老子》,不知道您是否愿意收下我?"

董遇摇摇头,说:"不可。"

"为什么?我是真心来求教的,也会支付学费。求您收下我吧!"年轻人恳求道。

董遇站起身,走到书架旁,拿起一本《老子》问:"你看过这本书吗?"

年轻人点点头:"我看过一遍,可惜怎么看都看不懂。大家都说您是研究《老子》最厉害的学者,所以我才来找您,想拜您为师。只要您肯收下我,我一定好好学习,记住您说的每一句话。"

董遇笑了:"其实你不用跟我学,你回去把这本书一遍一遍地读,读上一百遍,书中的意思也就明白了。"

"一百遍?!"年轻人不可置信地张大了嘴巴,"天啊,我哪有时间读一百遍啊。您把这本书从头到尾讲一遍,我明白了,就会学得又快又好。"

董遇摇摇头,说道:"如果由我来教你,我传达给你的,是我读书的感想,而不是你的感想。书一定要自己读,才能让它真正成为你的东西。至于时间

有没有，那就要看你愿不愿意挤出来。比如：冬天是一年的农闲时间，可以有很多时间读书；晚上是一天中空闲的时间，可以读书；阴雨天不能外出干活，是劳动多出来的时间，也可以读书。这么多空余的时间，怎么能说没时间读书呢？"

年轻人惭愧地说道："您教训得对。虽然您没有亲自教导我学习《老子》，但您这一番话让我受益匪浅，我一定不会辜负您的期望。请受我一拜。"

听到年轻人的话，董遇欣慰极了。

有一本书，你刚读开头就被卡住了，怎么办？

最近学校安排了一本必读书，你刚读了开头，就发现读不太懂，有点儿没信心读下去了。这时，你需要尝试两个正确的读书方法。

方法一：多读几遍，直到读懂为止

对于一本陌生的书，有看不懂的地方是很正常的。这时最好的办法就是多读几遍，而每读一遍就会有一遍的收获，读的遍数越多，理解的程度越高，慢慢地自然就懂了。

方法二：标记、整理难点，进行重点突击

除了多读几遍之外，还可以把每次有疑问或看不懂的地方标记出来，做好标签，然后有目的地针对问题去分析、研究，实在不明白也可以请教他人。

读书有"三到"

掌握读书的方法才能达到读书的效果

读书有"三到",谓①心到,眼到,口到。三到之中,心到最急。心既②到矣,眼口岂不到乎?

——宋·朱熹《训学斋规》

>> **注释**

① 谓:叫作。
② 既:已经。

>> **译文**

读书要做到三个"到",即心要悟到,眼要看到,口要说到。三到之中,"心到"最紧要。心既然到了,眼和口还能不到吗?

小和尚念经

从前在深山老林里,有一座古老的寺庙。寺庙里只有两个人,老和尚和新收的小和尚。

有一天,老和尚对小和尚说:"明天开始,我教你念经文。你要专心地听、认真地记,才能学好,知道吗?"小和尚懵懵懂懂地点点头。

第二天,天刚蒙蒙亮,小和尚就被叫起来打坐。他摇摇晃晃地坐在蒲垫上,一副没睡醒的样子。老和尚什么也没说,只是摇摇头。

早饭后,小和尚跟着老和尚念经,老和尚念一句,小和尚念一句。念完,老和尚问:"知道是什么意思吗?"

小和尚点点头。

老和尚说:"那你说给我听听。"

小和尚直愣愣地看着老和尚,半天没说出一个字。老和尚叹口气,开始耐心地给小和尚讲解。

接下来,老和尚让小和尚继续背诵经文。小和尚嘴里嘀嘀咕咕地念着,眼睛却盯着从眼前飞过的一只蝴蝶,他的心早就飞到了蝴蝶身上。

午饭后,老和尚问小和尚:"早上教的经文记住没?"

小和尚点点头。

老和尚随口背了一句,问:"这句话是什么意思?"

小和尚又是目瞪口呆。

老和尚叹口气,说:"我知道你没有认真念经,只是按顺序背出来,却不知道经文的意思,这样念多少遍经也学不到什么。"

小和尚惭愧地低着头,一言不发,只是暗暗下决心:以后一定认认真真地念经。

第二天早上,不等老和尚喊,小和尚早早起来规规矩矩地打坐了。念经的时候,外面的小鸟欢快地叫个不停,蝴蝶也像是故意吸引他似的,在窗口

飞来飞去。起初，小和尚还有点儿忍不住想要往外看看，但是当他看到老和尚失望的神情时，赶紧收回了所有的杂念，眼睛紧紧地盯着经书，一字不漏地听着老和尚的讲解，听完之后又在心里反复思考。

就这样，小和尚再也没有偷懒过，每天都认认真真地打坐、学习念经。很快，一本经书都诵读完了。这回，任老和尚怎样考，小和尚都对答如流。

老和尚对小和尚说："现在你是一名合格的和尚了。这些日子我看到了你的成长，你读经书的时候，非常专心，还会认真思考，因此才会有今天的成果。对此我很欣慰。"

得到老和尚的表扬，小和尚开心极了，从此更加努力地念经。

虽然你看了很多书，却什么也没记住，怎么办？

你很喜欢看书，看过不少书，可是别人一问起，你都是一知半解，甚至没记住什么内容。这时，你需要两个"反思"。

反思自己的读书方法

读书并不是简单地翻翻看看，真正有效的读书是要用眼睛认真地看，用手随时随地去画、记，然后再用心去感悟。只有这样，读书才能有所收获。

反思读过的内容

除了读的过程要认真外，读完之后还要及时把读过的内容进行输出，就像放电影一样，在脑子里把看过的内容回放一下。这样才能更好地消化、吸收书中的内容。

读书要循序渐进，熟读深思

读书要认真思考，才能有所收获

读书要循①序②渐③进，熟读深思，务在从容涵泳④以博其义理之趣，不可只做苟且草率工夫。

——清·左宗棠《左宗棠家书》

>> 注释

① 循：顺着。

② 序：次序。

③ 渐：逐步。

④ 涵泳：沉浸，深入领会。

>> 译文

读书需要按照次序，一步步逐渐深入提高。多读几遍，遇到问题多思考。在有疑惑的地方停下来思考，要深入体会内容的含义，不能只做马虎草率的表面功夫。

朱熹的读书之法

朱熹是南宋时期著名的理学家、教育家，学识非常渊博。

有一天，一名学生来拜访朱熹，问道："老师，我经常看书，但看完却感觉没有什么收获。您能告诉我，有什么好的读书方法吗？"

朱熹回答说："要循序而渐进，熟读而深思。"

学生有点儿迷惑："这是什么意思？"

朱熹笑了，耐心地解释："你在打算读书之前，要好好想一想，先读什么再读什么。当然，第一本书肯定不能太难，要是打开书就看不懂，那怎么学得下去呢？"

"没关系啊，我就随便翻翻，看懂了就看，看不懂就换一本。"学生不在意地说。

朱熹听后点点头，说："嗯，这种读书方法也是可以的，但是只限于刚刚开始的时候，因为你不知道自己的水平是怎么样的。当你确定了自己的水平，就要制订好计划，持之以恒地从易到难，一本本地读。只有这样坚持读书，你才会看到自己的进步。"

见学生还是一副迷惑不解的样子，朱熹想了想，打了一个比方："有的人性子急，读书也是急吼吼的，恨不得一天读完所有的书。他看见一本书就拿起来读，一读，看不懂，就丢下了，再换一本；能看懂一些，就马马虎虎地几下看完；再看一本，又看不懂，又换。总之，他看了半天也没看出什么来。这有点儿像一个肚子很饿的人，冲到酒馆去，看见桌子上摆满了好吃的，这也吃点儿，那也吃点儿，狼吞虎咽，吃到最后也没吃出个好坏来。"

学生被朱熹的比喻逗乐了，也知道老师说的这种读书方法是不对的，于是继续问道："那依老师之见，具体要怎样读才能达到最佳效果呢？"

朱熹继续拿吃饭这件事为例："就像我们开始吃饭，先吃一口白米饭，细细嚼了；再吃一口青菜，清淡爽口，不错；又吃一口肉，咸鲜无比。每一

种食物，都细细咀嚼，尝出是什么味道了，再吃另一种食物，这样才能品出食物的真正味道来。时间一长，对食物的认识也在一点点地增加。我们读书也是这个道理，要一本本地看，看明白一本，再读下一本，日积月累，学问才会积攒起来。"

这下，学生终于听明白了，他感激地说："老师，您这一番话真让我茅塞顿开啊。感谢您的读书方法，我一定会好好读书的。"说完，他行礼拜别了朱熹。

你经常看书，却感觉对学习没什么帮助，怎么办？

大家都说爱看书的孩子学习差不了，可你看了很多书，成绩却一点儿没提高，你犹豫着要不要再看书了。这时，你需要有两个正确的"认识"。

认识一：没有进步，是书没读好

读书有没有成效，要看是否真的把书读好了、吃透了。如果只是做表面功夫，翻翻看看，除了浪费时间，是很难有成果的。所以，读书要用心思考，才能读好。

认识二：读书的成果并非只体现在学习成绩上

读书的目的更多体现在开阔视野、储备知识、丰富表达方式等方面，在潜移默化中可能影响你的一生。所以，不能单一地用一时的学习成绩来衡量读书是否有用。

坐破寒毡,磨穿铁砚

读书要能吃苦,有恒心

坐破寒毡,磨^①穿铁砚^②。

——元·范子安《陈季卿误上竹叶舟》

▶▶ 注释

① 磨:摩擦。
② 砚:砚台。

▶▶ 译文

读书的时候,把毡子都坐破了,把铁铸的砚台都磨穿了。

坚定不移的桑维翰

五代十国的后晋,有位深受老百姓爱戴的大官,名叫桑维翰。他为官清正廉明,一心为老百姓办事。老百姓提起他,无不交口称赞。

桑维翰从小志向远大,立志要为国效力。为了通过科举考试步入仕途,桑维翰读书非常刻苦。

终于,到了科举考试的时候,虽然第一次应试,但是桑维翰信心满满。

有朋友们和他开玩笑说:"你长得这么丑,说不定考官看不上你。"

的确,桑维翰长得有些丑,身短面长。但是他不以为然地说:"长得好

看不好看有什么用？我的锦绣文章一定更打动考官。"

果然，主考官在批阅文章的时候，看到桑维翰的卷子，忍不住击节赞叹："妙啊！妙啊！"正想打个高分，无意间瞄了眼作者姓名。咦，怎么还有姓"桑"的？他遗憾地摇摇头："唉，这个桑字和丧同音，不好不好，一点儿都不吉利。文章写得好也不行，也不能录为进士。"

主考官的话就是最后的结果，所以，桑维翰落榜了。桑维翰还以为是自己的文章写得不好，没有打动考官，于是暗暗下决心，下次要写得更好。

但是不久，有人把他落榜的原因告诉了他。桑维翰一听，十分愤怒，恨恨地说："我要写一篇文章，为'桑'姓正名。"

很快，一篇题为《日出扶桑赋》的文章诞生了，在文人之间争相传阅。文章中说，东方有一棵巨大的神木，名叫扶桑。日出扶桑，是说太阳就是从扶桑那儿升起的。既然连太阳升起的地方都跟"桑"字有关，那么姓桑又有

什么不吉利呢?

好朋友看到这篇文章,劝桑维翰说:"你没必要因为这件事耿耿于怀,除了科举考试,还有别的途径可以做官。"

但是桑维翰摇摇头说:"我的志向已定,非考取进士不可!"

为了表示自己的决心,桑维翰特地去打铁铺请铁匠为他打造了一块铁砚。他把铁砚摆在书桌上。

桑维翰坚定地说:"我要以这块铁砚激励自己,除非这块铁砚磨穿了,否则我决不改变志向。我就不信,每个考官判文章都是只看重姓氏的。"

在坚定不移的努力下,两年后,桑维翰终于如愿考上了进士,开始施展他的远大抱负。

你一看书就犯困,觉得读书很辛苦,怎么办?

老师要求你们每天看书二十分钟,养成看书的习惯。可是你一拿起书就犯困,根本看不下去,还觉得很痛苦。这时,你需要找到提升阅读兴趣的方法。

方法一:从自己目前的兴趣出发

对于不爱看书的你,首先可以通过选书来调整自己的状态,选那些你感兴趣的,比如漫画类、动物类的,先激发自己阅读的欲望。

方法二:从电影或动画片入手

在阅读之前,可以先找找有没有相关的电影或者动画片,用这种立体又直观的方式激发对内容本身的兴趣,再去书里了解更多的内容。

天将降大任于是人也

只有历经辛苦和磨难,才能担负重任

故天将降①大任于是人也,必先苦②其心志,劳其筋骨,饿其体肤,空乏③其身,行拂乱其所为。

——《孟子》

▶▶ 注释

① 降:下达。

② 苦:使……痛苦。

③ 空乏:使……陷入贫困。

▶▶ 译文

上天要给一个人降下重任时,一定要使他的内心痛苦,使他的筋骨劳累,使他经受饥饿,使他身处贫困之中,并打乱他所做的事情。

卧薪尝胆雪国耻

春秋时期,有两个很强大的诸侯国——越国和吴国。两位国君都想征服对方,登上霸主的位置。

有一回,吴王阖闾带兵进攻越国。在战斗中,阖闾身受重伤。去世前,阖闾把儿子夫差叫到跟前:"儿子,我死后,你一定要替我报仇,打败勾践。"

夫差悲痛地应道:"父王,您放心,我一定不会辜负您的嘱托。"

夫差继承了王位后,发誓要报杀父之仇,日夜加紧练兵,使吴国日益强大起来。几年之后,吴越再次爆发战争,结果,越国大败,越王勾践被俘。

为了羞辱勾践,让他彻底臣服于自己,夫差让勾践住在阖闾墓旁的一间马厩里,命令勾践守墓和养马。勾践似乎真的被征服了,每天除了精心饲养马匹、打扫墓园外,就在石屋里待着。夫差生病时,勾践更是在床前尽心侍奉。任凭夫差怎么折磨,他都不反抗。三年后,夫差觉得勾践已经被折磨得毫无斗志,再也构成不了什么威胁,便把勾践释放回国了。

勾践如愿回国后,立志要一雪国耻。他怕自己因贪图舒适的生活,消磨了报仇的意志,便命人撤掉绵软的被褥,换上杂乱的柴草。

侍从抱着柴草问道:"大王,您这样怎么睡觉呢?躺上去浑身扎得慌。"

勾践亲自把柴草铺到地上,说道:"只有这样,才能时刻提醒我之前所遭受的耻辱,让我更有斗志去奋发图强。"

勾践觉得这样还不足以鞭策自己,又命人找了一颗猪胆挂在床前。

每天早上一起来,勾践就舔一下苦胆,然后听门外守卫的士兵问他:"你忘了三年的耻辱了吗?"

在磨炼自己的斗志的同时,勾践也在想方设法增强越国的实力。他充分发挥人才的优势,让文种管理国家政事,让范蠡管理军事。而他亲自到田里与农夫一起干活,鼓励农民用心种植粮食,为国家提供更多的储备。经过十年的养精蓄锐,越国终于兵精粮足,转弱为强。

而吴王夫差自从战胜越国后，觉得再也没有人能够与他争锋，过起了骄奢淫逸的生活。强大的吴国就这样一天天衰落下去。

公元前473年，勾践亲自带兵攻打吴国。这时的吴国已经是强弩之末，根本抵挡不住越国军队，屡战屡败。最终，越国彻底打败了吴国，勾践得以一雪前耻。

你想参加足球比赛，又觉得练球太辛苦，怎么办？

你喜欢踢足球，体育老师推荐你代表学校参加一场比赛。你很想为校争光，但需要集训一个月，你觉得太辛苦了。这时，你需要激励一下自己。

抓住展现自我价值的机会

能代表学校参加比赛，对于学生来说是莫大的荣耀，也是老师对你的极大认可。尤其是比赛不是谁都能参加的，这是展示自我价值的绝佳机会。

想象领奖的高光时刻

要退缩的时候，不妨想象下，站在领奖台上被大家称赞和羡慕的时刻。要知道，所有的荣耀都是靠努力和汗水换来的，没有坐享其成的好事。

磨砺当如百炼之金

学习不能因一时成绩不佳就放弃

磨砺当如百炼之金，急就^①者，非邃养^②；施为宜似千钧^③之弩^④，轻发者，无宏功。

——明·洪应明《菜根谭》

▶▶ 注释

① 急就：急于求成。
② 邃养：指高深的修养。
③ 钧：三十斤为一钧。
④ 弩：用特殊装置来发射的大弓。

▶▶ 译文

磨砺自己的意志应当像炼钢一样，反复锻炼才能炼成。急于求成的人，不可能有高深的修养。做事应当像拉开千钧的弓弩一样，不使用全力，就没办法获得巨大成功。

车胤囊萤照读

　　东晋时期,有个叫车胤的人。车胤自幼好学,特别喜欢看书,但他家里很穷,连油灯都点不起。因此,白天的时候,车胤会抓紧一切时间读书,晚上就借着月光勉强读一读。有时候,月光实在不够明亮,看不清书上的字,车胤就默默地回想白天读的内容。

　　夏日的一个晚上,父亲看到车胤在院子里借着月光读书,累得不停揉眼睛,很是心疼儿子。于是,父亲招呼车胤和他一起去散步,放松下眼睛。车胤放下书,跟着父亲走出了院子。

　　父子俩来到了空旷的田间小路,走着走着,四周出现了好多亮闪闪的"小星星"。车胤被眼前的景象给惊呆了,他问父亲:"父亲,这是什么?太神奇了。"

　　父亲回答:"你在《诗·豳风·东山》中读到过'町畽鹿场,熠耀宵行'这两句诗吧?这东西就是宵行,俗称萤火虫,是一种夜间出行的飞虫。"

　　车胤一听是书中提到的飞虫,兴奋极了,迫切地想要抓几只来认识认识。很快,他就用双手扣到了一只。他小心翼翼地打开双手,感觉手心上像点起了一盏小灯。他突然有了一个大胆的想法:要是有很多萤火虫,是不是就有一盏可供夜读的灯了呢?

　　车胤顾不上陪父亲散步了,快步跑回家,问母亲:"母亲,咱们家有那种透明的布吗?"

　　"透明的布?"正在院子里织布的母亲一下子被问愣了。

　　"对,我想要一块透明一点儿的布,做一个小口袋。"车胤肯定地点点头。

　　布哪有透明的?母亲为难了,但还是在装布料的筐里翻找起来。找着找着,母亲突然想起她之前给一个富人家织的丝绸是半透明的,也许他们家会有多余的丝绸。

　　于是,第二天一早,车胤的母亲就领着车胤来到那个富人家,说明来意。富人家的管家很大方,找出一些丝绸边角料送给了他们。

母亲把这些丝绸边角料按照车胤的要求缝了一个口袋。当天晚上，车胤一个人跑到田野里捉了好多萤火虫，装进了丝绸口袋里。装满萤火虫的口袋，就像一盏小灯，虽然不是很亮，但足够看清楚书上的字了。夏天的夜晚，车胤借着萤火虫发出的微弱的光亮接着白天继续苦读。多年以后，他终于成为一个很有学问的人。

你每天坚持读英语课文，可成绩仍不理想，怎么办？

在妈妈的督促下，你每天都坚持读英语课文，坚持了大半年，可成绩却没什么提升，你想放弃了。当时，你需要两个小"绝招"。

绝招一：把课文读"灵活"

课文并不是简单地读出来就行，还要让它变成你的东西。比如读后和家人进行角色扮演，让自己更熟练且灵活地掌握里面的句式、语法。

绝招二：打好单词基础

单词相当于英语的"腿"，掌握了单词，才能让英语"跑"起来。要养成背单词的好习惯，不要着急，一天背一两个就行，然后坚持下去。

不积跬步,无以至千里

做任何事情都不能急于求成,要一点点来

不积跬步①,无以至②千里;不积小流,无以成江海。

——《荀子·劝学篇》

▶▶ 注释

① 跬步:半步。走路时,抬一次脚为跬,抬两次脚为步。
② 至:到达。

▶▶ 译文

不靠一步半步不停地积累,就没有办法到达千里之外;不积累细小的流水,就没有办法汇成江河大海。

呕心沥血的李贺

唐代诗人李贺从小聪明,七岁就会作诗,被乡邻赞为"神童"。

李贺的诗作之所以得以流传,除了与他过人的才华有关,更重要的是因为他的勤奋,是他日积月累的成果。

每天清晨,一吃过早饭,李贺就骑着自己心爱的小毛驴,带着小书童,出门去了。出门干什么呢?听小鸟在晨曦中歌唱,看柳条在朝阳下摇摆,看小河轻轻泛起涟漪……大自然中的一景一物都能激发他的诗兴。每想起一句诗,李贺便让小书童拿出笔和纸条,写在上面,然后把纸条扔进一个小布袋里。对,这个小布袋就是用来装这些写满诗句的纸条的。

李贺通常一出门就是一天,直到傍晚才回家,那时布袋里已经装满了纸条。吃完晚饭,李贺就开始在灯下整理这些诗句。当某一句诗触动了他的灵感时,一首诗就写成了。就这样,他一天下来可以写好几首诗。

李贺出门,可不会只选风和日丽的日子。实际上,不管风吹日晒、风霜雨雪,只要没有特别重要的事情,李贺就风雨无阻地出门,从不间断。

李贺从小身体就很虚弱,母亲看他这么辛苦地写诗,心疼极了。一天,外面下着雨,李贺又要出门。母亲拦住他说:"现在外面下着大雨,天气湿冷,你一整天跑在外面,很容易生病的。所以,今天还是不要出去了。"

李贺说:"我已经习惯每天都写诗了,要是天气太热不写,下雨不写,那我写诗就会越来越生疏,时间长了,就写不出诗句来了。"

母亲无奈地摇摇头:"你这是在呕心沥血啊!"

李贺安慰母亲:"母亲不用担忧,只要能写出好诗来,我的心情就会变好,心情变好,身体自然也会好。"

母亲没办法,只好悄悄吩咐小书童往小布袋里少放几张纸条,纸条早点儿写完,李贺就能早点儿回家了。

李贺所住的村子里有个无赖,知道李贺的父亲在外做官,以为他家里一

定很有钱。有一天，无赖看到李贺的驴背上有一个鼓鼓囊囊的小布袋，还以为是银钱。他趁李贺和小书童不注意时把手伸进小布袋，结果抓出一大把纸条来，气得随手一扔就走了。无赖失望极了，李贺则是心疼极了，赶紧和小书童一起将散落的纸条一条条收好。对他来说，那可是比银钱重要得多的宝贝。

正是因为长年累月地努力写诗，李贺终于成了著名的诗人。

你因为肥胖体育成绩很差，可减肥总失败，怎么办？

因为你的体重超标，每次体育考试成绩都不理想。老师和父母一直让你减肥，可是你每次都以失败告终。这时，你需要给自己制作两张"目标卡"。

目标卡一：每天减重的小目标

减肥需要长期坚持，不能急于求成。可以把大目标分成一个个小目标，比如每天只减重二两，这样每天都有成就感，能增强减肥的信心。

目标卡二：制订每天的运动、饮食计划

减肥主要靠运动和饮食，但制订计划要合理且容易达到，比如每天跳绳一百下，每餐都注意合理饮食。让每个目标更容易实现，才有动力坚持下去。

大才非学不成

只有聪明不够，还要足够努力才行

大志非才^①不就^②，大才非学不成。

——明·郑晓《训子语》

>> 注释

① 才：才干。
② 就：成就，成功。

>> 译文

　　单有大志向，没有才干，不会取得成就。单有才干，没有勤学苦练，也是不成的。

闻鸡起舞

祖逖小的时候非常淘气，一会儿都不能安静下来看书，经常和一群男孩子在外面疯玩，不是下河捉鱼，就是上树掏蛋。

随着年龄增长，祖逖心中有了远大志向，他要报效祖国。为了实现理想，他终于拿起书本，开始勤学苦读。

祖逖二十岁的时候，和好朋友刘琨一起担任司州主簿。他们因为志趣相投，每天形影不离，吃住都在一起。

一天晚上，祖逖和刘琨聊起各自的志向。

刘琨说："要是咱们早点儿努力读书，勤练武功，现在就可以为国效力了。"

祖逖叹了口气说："是呀，但现在后悔也没有用，我们只能以后更加努力了。"

聊着聊着，两人睡着了。天刚蒙蒙亮，突然传来一声鸡叫声。

被惊醒的刘琨翻个身，嘟囔道："半夜听到鸡鸣不吉利，谁家的鸡呀，真讨厌！"说完又睡去了。

祖逖也醒了，他想起昨晚的聊天，突然冒出一个念头，便把刘琨弄醒，认真说道："这鸡叫没什么不吉利的，我反而觉得，它是在告诉我们，要早点儿起来，刻苦练功，把之前浪费的时间找回来。"

刘琨觉得祖逖说得有道理，一下子清醒过来，坚定地说："你说得对，我们从今天开始，就加倍地努力吧！"

于是，两个好伙伴赶紧起来，到院子里练剑。直到太阳高高挂起，他们全都大汗淋漓了才停下来。从此，每天早上鸡一叫，祖逖和刘琨就起来舞剑；晚上他们就在油灯下刻苦研读兵书。冬去春来，寒来暑往，从不间断。

功夫不负有心人，胸怀远大志向的祖逖终于成为文武双全的人才。

那时候，因为战乱，许多北方人逃难到了南方。祖氏家族当时有一支庞大的军队，就像后来的岳家军，祖逖被选为首领。祖逖向当时南逃的"皇帝"司马睿请战，愿意率兵打回北方去。

司马睿并不想回北方，觉得在南方也很好，但是由于祖逖一再请战，无奈之下，便给祖逖封了个将军头衔，却只配备了很少的兵力和物资，任其自生自灭。

这场北伐战争得到了许多北方人的响应，队伍从几千人迅速发展到上万人。在祖逖的带领下，大军一路向北，收复了许多领土。

祖逖在年轻时就立下了报效祖国的志向，并为之不懈努力，终于成就了一番大业。

很多人都夸你聪明，你不想努力了，怎么办？

自从上学，你几乎没怎么努力，就获得了优异的成绩，老师和同学都夸你很聪明，你觉得自己没必要再努力了。这时，你需要保持两份"清醒"。

清醒一："聪明"的作用是暂时的

低年级时，学的知识少且浅显，确实可以靠"聪明"制胜。但随着年级升高，知识越来越难，仅仅靠"聪明"，很难再保持好的成绩。

清醒二：努力才是成功的唯一途径

爱迪生说："天才是百分之一的灵感，加上百分之九十九的汗水。"可见，即便是天才，也是需要不断努力的。所以，要想获得成功，不努力是不行的。

人一能之，己百之

用更多的努力弥补天资不足

人一能①之，己百②之；人十能之，己千之。果能此道矣，虽愚必明，虽柔③必强。

——汉·戴圣《礼记·中庸》

▶▶ 注释

① 能：做到，成功。

② 百：百倍。

③ 柔：柔弱，弱小。

▶▶ 译文

别人一次能做好的事情，我做一百次也定能做好；别人十次能做好的事情，我做一千次也定能做好。如果能够做到这样，即使资质愚钝，也能变得明智；即使弱小，也能强大起来。

不放弃努力的笨小孩

章学诚是浙江绍兴人,清朝著名的史学家、文学家。

章学诚小时候身体很瘦弱,用邻居的话说,就是风一吹就要倒了。当别的小孩到处乱跑、撒着欢玩耍的时候,章学诚就在一旁羡慕地看着,因为只要一劳累,他就会生病。

到了上学的年龄,父母看着瘦弱的孩子,问:"你要不要去私塾读书啊?"

"要!"章学诚坚定地答道。

就这样,不能疯玩疯跑的章学诚终于和别的小孩步调一致了——一起进入了私塾。

上学第一天,先生让背《三字经》。一节课下来,同学们全都很轻松地背熟了。下课铃一摇,同学们蜂拥而出,到院子里去玩了。学堂里只剩下章学诚一个人,还在苦苦背诵。

先生走过来问:"章学诚,你背完了吗?"

章学诚看看先生,结结巴巴地说:"背、背、背完了。不,没有背完……"

先生又问:"到底背完没有?你背给我听听!"

章学诚低下了头,结结巴巴地背:"人、人、之书,性、性本——"

这时,几个孩子已经玩了一圈回到学堂,听到章学诚不仅背得磕磕巴巴,而且一开头就背错了,顿时哈哈大笑起来。章学诚羞愧地低下了头,再也背不出一个字了。

放学回到家,母亲见章学诚背着书包一副没精打采的样子,心疼地说:"赶紧歇歇吧,这一天下来,估计累坏了。"

章学诚什么也没说,来到书桌旁,拿出书又开始背起来,一直背到深夜,背得一字不差,才去睡觉。

为了完成先生布置的学习任务,章学诚每天要比同学们花更多的时间才行。看着每天熬到深夜的章学诚,父亲和母亲非常心疼,就和章学诚商量:"孩

子啊，要不别去上学了。这样学下去，万一把身体整垮了，就得不偿失了。"

章学诚坚定地说道："不上学怎么行？我的身体已经比别人弱了，学业上绝不能再落后于人了。虽然我没有别人那么聪明，但是别人学一遍，我学十遍，总能学会的。"

就这样，章学诚一直坚持在私塾里学习。学习的速度比别人慢，他就用多花时间学习来弥补，用更多的努力去达到学习目标。他还养成了一个习惯，就是把记不住的内容用笔抄下来，做成学习笔记。

后来，章学诚写了一部著名的历史学著作《文史通义》，其中很多章节就是来自他平时做的学习笔记。

你觉得自己很笨，感到自卑，怎么办？

好朋友明明很贪玩，学习成绩却非常好，而你尽管很努力，却还是落后很多。你觉得自己太笨了，很自卑。这时，你需要改正两个错误认识。

错误一：聪明比努力更重要

你认为学习成绩不如好朋友，是不够聪明的原因，这是一个错误的认识。真正决定成绩的从来不是聪明，而是努力的程度，还有正确的方法。

错误二：你已经足够努力了

你觉得相对好朋友来说，你足够努力了，但结果证明你努力的程度还不够。之前你如果每天学习十分钟，接下来就要学习二十分钟、三十分钟，直到达到目标为止。只要坚持下去，就会有好的结果。

人生在世，会当有业

什么都学，不如专注学一样

人生在世，会当有业①。农民则计量②耕稼③，商贾④则讨论货贿，工巧则致精器用，伎艺则沉思法术，武夫则惯习弓马，文士则讲议经书。

——南北朝·颜之推《颜氏家训》

注释

①业：专业，专长。
②计量：计划，谋划。
③耕稼：耕种。
④商贾（gǔ）：古时候对商人的称呼。

译文

人生在世，都应该有所专长。农民思考如何耕种，商人讨论财物和货币，工匠精于打造器物，有技艺的人研究方法、技术，练武之人习惯骑马射箭，文士则讲解、讨论经书。

小木匠的"大成就"

鲁班,原名公输班,春秋时期鲁国人,出身于一个木匠世家。

鲁班三岁的时候,母亲就开始教他读书、识字。鲁班学什么、看什么都是过目不忘,一教就会。父亲发现鲁班如此聪明,暗暗下定决心,一定要将儿子培养成才。

但是鲁班对读书没有太多兴趣,最喜欢跟在父亲身后,或者帮着拉线,或者做些零活,再没事干,就看父亲锯木头。

父亲好言规劝:"孩子啊,咱家世代以做木匠为生,都是勉强糊口,没什么大成就。你这么聪明,我希望你不要再走我的路,应该好好学习,建功立业才对。"

鲁班举起一块木头,笑道:"父亲,木匠也可以做出成就呀,我就是喜欢当木匠。"

父亲不知道说什么好,但内心还是希望鲁班好好学习知识。鲁班到了上学的年龄,父亲把他送进学堂。鲁班学得很快,夫子教的文章,总是第一个背完,背完之后,就在学堂里转悠。他看见桌子摇晃了,就捡起一块石头敲打敲打;发现窗户裂缝了,就找来一片木板把裂缝补上。总之,自从鲁班来了,学堂里再也没有破损的桌子、窗户了。这一切,夫子都看在眼里。

有一天,夫子遇到鲁班的父亲,就鲁班在学堂的表现和他进行了沟通。夫子认为,鲁班虽然很聪明,但是兴趣志向并不在学习上,整天最喜欢与木头、工具打交道。夫子建议鲁班的父亲不妨因材施教,好好培养一下鲁班,说不定能成为一位非常优秀的木匠。

父亲觉得夫子说得很有道理,决定把做木匠的手艺毫无保留地教给鲁班。

鲁班不再去学堂上学,开始跟着父亲当学徒,从一些简单的生活用具做起。

有一回,鲁班看见母亲坐在炕上缝补衣服很吃力,不时地揉揉酸痛的腰背。他想了想,就从南山上砍了一棵柳树,给母亲做了一把高矮适中的凳子,

说:"母亲,坐在凳子上干活吧,省得腰痛。"母亲坐在凳子上,果然舒服多了。

鲁班见姐姐的针线工具没有地方放,便从北山上砍了一棵榆树,给姐姐做了一个精巧的小木箱,说:"姐姐,把针线工具放到箱子里吧,好找又不会丢。"

再后来,鲁班用简单的木头做出了很多"大发明",比如云梯、伞、锯子等,成了木匠的祖师爷。

你兴趣爱好很多,每样儿都想学,怎么办?

你对很多东西都很感兴趣,比如篮球、足球、羽毛球、绘画、跳舞、架子鼓,都很想学,可是你的时间有限,根本学不过来。这时,你需要进行两个"思考"。

思考一:哪些是最想学的

兴趣爱好可以很丰富,但什么都学,很可能会顾此失彼。要好好想想,哪些是真正想学的,并且能够一直学下去的,不能凭一时的兴趣盲目学习。

思考二:如何学到最好

每个人都需要学有所长,就像鲁班在木工方面,既专注又刻苦,才会有后来的成就。一旦确定方向,就全心全意地学好它,让它成为你的专长,这样的学习才更有价值。

事无终始,无务多业

做事有始有终,还要专注

事无终始,无务①多业;举物而暗②,无务博闻③。

——《墨子》

▶▶ 注释

① 务:追求。
② 暗:灰暗,不清晰。
③ 博闻:广博的见识。

▶▶ 译文

一件事情都不能做到有始有终,就不必去想更多的事情。一个事例都不明白,就不必去追求见多识广。

蔡伦造纸

东汉时期，有个叫蔡伦的人，因家境贫寒，十五岁时进宫做了太监。由于聪明乖巧，蔡伦深得皇帝宠爱，皇帝让他负责管理内务。

蔡伦经常侍奉皇帝批阅奏折。那时候奏折、文章什么的都是写在竹简上的，非常笨重。每天，蔡伦都要带着几个小太监抬着小山一样高的奏折放进皇帝的御书房，供皇帝批阅。

太监们抬奏折抬得累，皇帝一卷卷地翻阅厚重的奏折也累得够呛。为了帮助皇帝分忧，蔡伦试着把做竹简的竹片用刀削薄，可是还没削几下，竹片就裂了、碎了。

怎么让书籍变得轻巧又不容易断裂呢？蔡伦整天都在琢磨这件事。他看到薄饼的时候，突然想到石磨可以把谷物磨成面粉，然后用水把面粉搅拌成糊，再碾压成薄薄的饼。那么，可以把竹子也磨成粉吗？他尝试着把竹片放进磨盘里，但无论怎么磨，都没办法把竹子磨成粉，更别提和成糊了。

有一天，蔡伦带着几个小太监出城办事。他们来到一条小溪边，溪水中积聚了一些枯树枝，上面浮着一层薄薄的白色絮状物。蔡伦不由得眼睛一亮，蹲下身去，用树枝挑起白色絮状物仔细察看，感觉有点儿像工坊里制作丝绵时，茧丝漂洗完后留在篾席上的一层残絮薄片。

这时，小溪边刚巧有位洗衣服的农妇，蔡伦赶紧上前询问。

农妇说："这是烂絮，小溪上游冲下来的树皮、树叶、碎麻什么的扭到一块儿了，长时间浸泡后，被溪水冲刷，就成这样了。"

"这是什么树皮？"蔡伦好奇地问。

"岸上的楮树呗！"

蔡伦突然有了主意。回到宫里，他召集了几名工坊中的技工参与造纸。他命人砍下一些楮树枝，剥下树皮，然后捣碎、泡烂，再加入沤松的麻缕制成稀浆，最后用竹篾捞出薄薄一层，晾干，揭下，便造出了最初的纸。不过

这种纸不耐用，一碰就烂。

蔡伦想着应该加点儿有韧性的东西进去，增加纸的结实度。他进行了多次实验，最终发现破布、渔网非常合适。于是，在原有的工艺上，他又将破布、烂渔网捣碎掺进树皮浆中，这回造出来的纸结实又好用。

蔡伦挑选出几张纸进献给皇帝。皇帝使用后，龙颜大悦，重赏蔡伦，并诏告天下，推广造纸技术。

从此以后，书籍不再沉重，知识的传播也更为便捷。

你从三岁就学钢琴，感觉学腻了，不想学了怎么办？

你从三岁就开始学习钢琴，到现在已经学了七年，证书考了好多个。你突然感觉没什么意思，不想学了。这时，你可以有两个选择。

选择一：自己在家坚持练习

如果你不想走专业路线，可以跟爸爸妈妈商议，不再跟老师学习钢琴，但要给自己制订练习的计划，比如每天必须用半小时练琴，把弹琴这件事坚持到底。

选择二：确定目标，突破自我

可以给自己制定一个高一点儿的目标或者挑战，让自己有动力继续学习下去，而不是一直原地踏步，比如参加一次全国大赛、获得一次大奖等。

苟不能发奋自立，则家塾不宜读书

学习的时候，不能被外界所影响

且苟能发奋自立，则家塾可读书，即旷野之地、热闹之场，亦可读书，负薪①牧豕②，皆可读书。苟不能发奋自立，则家塾不宜读书，即清净之乡、神仙之境，皆不能读书。

——清·曾国藩《曾国藩家书》

▶▶ 注释

① 负薪：背柴。相传汉代朱买臣背着柴草时还刻苦读书。
② 牧豕（chù）：放猪。相传汉代函宫一边放猪，一边听讲解经书。

▶▶ 译文

如果能发奋自立，那么在家塾里可以读书，即便在空旷的野外、热闹的场所，也可以读书。就算是背柴、放牧的时候，都可以读书。如果不能发奋自立，那么，在家塾里不能好好读书，即便身处清净的地方、神仙居住的环境，也无法读书。

被小偷"教育"的笨小孩

晚清重臣曾国藩从小酷爱读书,只要翻开书,就会全心全意地沉浸在书里。可是,这样热爱读书的曾国藩,小时候却表现得并不优秀,甚至被家人和老师认为有点儿"笨"。

少年曾国藩在学堂读书时,老师常常会挑些优秀的文章让同学们背诵,其他同学都能顺顺利利地完成老师布置的作业,唯独曾国藩总是磕磕巴巴地不能背完整。

"唉!子城啊!你要努力呀!"看着被文章憋得面红耳赤的曾国藩,老师边叹气边摇头。

"哈哈哈!子城变成个结巴了!"同学们也跟着哄堂大笑起来。

曾国藩低着头,一声也不吭。不过,他在心里一遍遍对自己说:我可以,我一定可以背下来的。

放学回到家,曾国藩匆匆吃完晚饭就钻进了书房,捧起书,一遍一遍地诵读起来。

读一遍,背下来一点儿;再读一遍,又背下来一点儿……可是,从黄昏一直背到夜深人静,曾国藩还是没能完整流利地背诵完全文。

"太晚了,你歇一歇,明天再读吧!"母亲端着点心和茶水轻轻推开门走进来。她一边帮曾国藩拨亮桌前的灯盏,一边心疼地劝他早点儿休息。

可是,曾国藩坚决地摇摇头,继续一字一句地背书。

母亲只好出去了。

曾国藩和母亲都没有发现,在他们家的房梁上趴着一个差点儿睡着了的"梁上君子"。

这位"梁上君子"本打算等曾国藩背完书,回卧室睡觉后,就下来偷些值钱的东西。可他万万没想到,曾国藩是如此之笨,一篇文章背了一晚上还没背下来,他在房梁上等得实在不耐烦了。

味溜,"梁上君子"抱着柱子从房梁上溜下来,气急败坏地训斥曾国藩:"你怎么这么笨啊!我都听会了,你还没背下来!我看你啊,干脆别读书了!"说完,小偷流利地把文章背了一遍,然后打开房门,气哼哼地走了。

曾国藩目瞪口呆地听着小偷背诵文章,连害怕都忘了,更别说呼叫了。

"他都听会了,我肯定能背出来!"小偷扬长而去后,曾国藩打起精神,更加努力地诵读起来。

就这样一遍遍、一点点地读啊背啊,当启明星闪亮、晨曦微露的时候,曾国藩终于流畅地把文章背出来了。

老静不下心来看书,怎么办?

一说到影响读书的原因,估计大家能找一大堆,什么同桌太吵啊、弟弟爱哭啊,甚至邻居家的狗叫声也是理由。其实,最根本的原因是内心没有安定下来。这时,你需要一个静心小妙招——

打造一个"收心牌"

你可以设计一个小牌子,上面写上"读书时间""练功中勿打扰""闭关"等字样,放在书桌上,或者贴在文具盒上。学习时就亮出这个牌子,提醒自己收收心,要安心读书了,目的是营造一种静心的仪式感。

凡全副精神专注一事

学习要专注，不能三心二意

凡^①全副精神专注一事，终身^②必有成就。

——清·曾国藩《曾国藩家书》

▶▶ **注释**

① 凡：凡是，所有的。

② 终身：一生。

▶▶ **译文**

所有用全副精力专注做事的人，最终一定会有所成就。

吃墨水的王羲之

王羲之是东晋时期的著名书法家。他从很小的时候就开始练书法了,他写坏的笔,堆在院子里都成一座小山了,后人称之为"笔山"。而他用来涮笔的水池,多年下来,像墨水一样黑,被称为"墨池"。

在日复一日、年复一年的努力下,王羲之的字越写越好,超越了很多人,可他仍然坚持每天练字,丝毫不肯松懈。

有一天,王羲之又在书房里练字。到了吃午饭的时间,母亲见他一直没有出来,便让书童去看看。

不一会儿,书童回来说:"公子还在练字,喊了三声都没听见,我不敢喊了,怕他生气。"

母亲无奈地笑了笑,说:"这孩子,又练字练得忘我了,今天可是做了他最爱吃的馒头呢。"说着,她夹了两个馒头、一小碟蒜泥,还有一些小菜递给书童,嘱咐道:"既然他还没练完,就让他在书房里吃吧。"

书童端着午饭,轻轻地走进书房,把饭菜摆放到王羲之伸手就能拿到的位置,说道:"今天有您最爱吃的馒头,还有蒜泥,快趁热吃吧,凉了就不好吃了。"

王羲之头也不抬地应道:"知道了,你出去吧!"

不知道又过了多久,王羲之终于写完了。他一手拿着写好的字,认真地琢磨着,看看还有哪儿写得不够好。同时,另一只手拿起馒头,伸到旁边的砚台上蘸了蘸,然后放进嘴里大口吃起来。

母亲忙完手头的事情,见王羲之还是没有出门,担心他忘了吃饭,决定亲自去书房看看。

母亲轻手轻脚地推开门,走进书房,看见王羲之正拿着黑乎乎的馒头往嘴里送。看着王羲之被墨汁弄黑的嘴,母亲忍不住笑出了声。

王羲之这才发现母亲在自己的书房里,不解地问:"母亲,您什么时候

来的？刚刚在笑什么？"

母亲笑着说："你呀，快看看，你用馒头蘸什么吃呢？"

王羲之这才注意到，自己把墨汁当成了蒜汁，赶紧拿毛巾擦拭嘴。

母亲心疼地说："你要保重身体呀！你看，你的字已经写得很好了，为什么还要这样苦练呢？"

王羲之认真地解释道："我的字虽然写得不错，可那都是学习前人的写法。我要有自己的写法，自成一体，那就非下苦功夫不可。"

多年后，王羲之终于写出妍美流利的字，成为我国著名的书法家。

写作业的时候，你的思想老忍不住溜号，怎么办？

写作业的时候，你看到桌上的玩具就忍不住想玩两下，要么就老想上厕所，导致每次写作业的时间特别长，还总出错。这时，你需要做好两个"清理"。

清理桌子，去除诱惑

在写作业之前，除了写作业必备的东西，桌子上的其他杂物，尤其是玩具，全部清理干净。这样可以最大限度避免注意力的转移，有利于自己专注地学习。

清理"自身"，提升效率

正式写作业前，把上厕所、喝水等可能打断学习的所有事情都做好，并让家人不要打扰你，然后集中所有精力去学习，不给自己任何分心的借口。

锲而不舍，金石可镂

做事情贵在坚持

锲①而舍②之，朽木不折；锲而不舍，金石可镂③。

——《荀子·劝学》

▶▶ **注释**

① 锲（qì）：雕刻，用刀刻。

② 舍：放弃，停止。

③ 镂：镂花，装饰。

▶▶ **译文**

雕刻一下便放弃，即使是腐朽的木头也不能刻断；坚持不停地雕刻，金属和石头上也可以雕出美丽的图纹。

坚持不懈的神箭手

古时候,有一个叫纪昌的人,他跟着飞卫学射箭。

飞卫说:"你先学会看东西不眨眼睛,再来找我。"

纪昌记住了师父的话,回到家里,就一直盯着墙看,眼睛一眨也不眨。这时,正好一只苍蝇飞过,纪昌忍不住眨了一下眼睛。他突然明白了:盯着不动的东西看,不眨眼睛很容易做到;而盯着会动的东西看,更容易眨眼睛。所以,师父让他练的,应该是盯着会动的东西看。

哪里去找会动的东西呢?纪昌在屋子里走来走去,突然听到喀喀喀的声音,是妻子织布用的织布机发出来的声音。对啊,可以盯着来回穿梭的梭子练习不眨眼睛。

于是,纪昌来到妻子织布的房间,躺到织布机下,瞪着眼睛死死盯着梭子。正在织布的妻子吓了一大跳:"你在干什么?赶紧起来!"

纪昌答道:"你只管织布就是。我练眼力呢,就要盯着你这来回穿梭的梭子。"妻子忍着笑,继续织布。

一转眼两年过去了,纪昌终于学会了看东西不眨眼睛,哪怕锥子尖扎在他的眼皮上,他也能不眨一下眼睛。

纪昌又来找飞卫。飞卫说:"嗯,很不错,但是这还不够,你要继

续练。这回是练习看东西,要练到看小物体像看大东西一样清晰,看细微的东西像庞大的物体一样,然后再来告诉我。"

纪昌回到家,开始找练眼力的小东西。他在家里转来转去,觉得每样东西都太大。他走进后院牛棚,看见牛正在用尾巴拍打着屁股,突然有了主意:牛身上有很多虱子,虱子可是足够小了。

纪昌小心地从牛身上抓了一只虱子,又找来最细的丝绑住虱子,将它挂在门框上。然后,纪昌就坐在两米开外的地方,每天盯着看好久。

妻子站在纪昌身后观察了好一会儿,也没看出来他在看什么,忍不住问道:"你在看什么呢?"

纪昌指着门框方

向说:"那是一只虱子。我师父说,等我把虱子看成车轮那么大,再去找他。"

"拉倒吧,还没等你把虱子看成车轮,它就饿死了。"

纪昌毫不在乎地说:"牛棚里有的是虱子,这只死了,我再换一只便是。总有一天我会练成好眼力,把虱子看成大车轮。"

就这样,纪昌坚持每天都盯着虱子看。三年之后,虱子在他眼里变成车轮那么大。他再看其他小物体,也变得很大。

这一次,飞卫开始正式教纪昌射箭了。经过不懈的努力,纪昌最终成了一名神箭手。

你跑步的速度很慢,想锻炼却坚持不下去,怎么办?

你的学习成绩一直排在班级前三名,让你觉得很骄傲。可一上体育课,你就感觉跌入了低谷,尤其是跑步,总是最后一名。你想锻炼,却坚持不下去。这时,你可以尝试两个"绝招"。

绝招一:轻松开头,循序渐进

在开始锻炼跑步的时候,把目标制定得轻松一点儿,比如前五天每天跑十分钟,接下来五天每天十五分钟,一点点增加,给身体一个适应的过程,这样更容易坚持。

绝招二:找个人陪你一起坚持

如果可以,最好让爸爸妈妈或者小伙伴跟你一起实施跑步计划,互相鼓励、带动,会比一个人独自奋战更容易坚持下去。

凡事豫则立，不豫则废

有计划地学习才能提升效率

凡事豫①则立②，不豫则废③。言前定则不跲④，事前定则不困，行前定则不疚，道前定则不穷。

——汉·戴圣《礼记·中庸》

注释

① 豫：通"预"，计划或准备。

② 立：成功。

③ 废：失败，废弃。

④ 跲（jiá）：绊倒。

译文

做任何事情，事先都要有所准备或计划，才能获得成功，否则就会失败。说话先有准备，就不会理屈词穷，站不住脚；做事先有准备，就不容易遇到困难挫折；行事前先做好计划安排，就不会发生后悔莫及的事；施行自己的主张之前规定好原则，就不会有什么行不通的地方。

"胸有成竹"的文同

苏东坡有位表兄叫文同,擅长诗文书画。有个成语叫"胸有成竹",说的就是他的故事。在画竹子之前,文同会先在心里构思好竹子的大致形态,然后再反复观察、揣摩竹子的姿态,最后才下笔,一气呵成。

文同特别喜欢画竹子,为了画好竹子,平时有事没事就去看竹子。有一回,好好的天突然变了,狂风大作,电闪雷鸣,眼看着一场暴雨就要来临。在外劳作的人们赶紧

收拾东西往家里跑，而正在家看书的文同，望着窗外的大风，猛地抓起一顶草帽，往头上一扣，就往外跑。

家人不解地问："人家下雨都使劲儿往家跑躲雨，你不好好待在家里，怎么还往外跑呢？"

"我要去看看风雨中的竹子什么样。"文同扔下一句话，头也不回地朝山上的竹林跑去。

还没到竹林，大雨倾盆而下。上山的小道很快就变得泥泞不堪，文同一步一滑地努力往上走，一不小心，摔得浑身是泥，草帽也甩了出去。他刚想上前把草帽捡起来，正好一阵风吹过，把草帽吹跑了。

文同懒得去追了，自我安慰道："这样看得清楚。"

他站在竹林边上，任凭雨水浇湿全身，仔细地观察风雨中的竹子。柔韧的竹子无论身子歪斜得多么厉害，都会在倒地前直立起来。叶子在风中沙沙作响，却一片也没有被吹落。

雨停了，文同哼着歌高兴地回到了家。家人见他浑身湿漉漉的，心疼地说："这么大的雨，要是淋出病怎么办？"

文同笑呵呵地回答："病了也值得，这回我痛痛快快地看了一场风雨中摇曳的竹子，太美了！"

文同对竹子的观察非常全面，白天观察，晚上观察，晴天观察，雨天观察，不同的季节也要观察……总之，千姿百态的竹子都通过他的眼睛，最终刻进了他的心里。也因此，没有谁画的竹子可以和文同的竹子相媲美。

后来，苏轼写文怀念文同时说道："现在的人画竹时，都是一节一节地画，一叶一叶地添上去，这样哪里还有完整的竹子呢？画竹子，一定要心里有完整的竹子，拿着笔凝神而视，就能看到自己心里想要画的竹子了。这是与可（文同的字）教给我的。我不能做到，心里却明白这样做的道理。"

每天的家庭作业，总感觉做不完，怎么办？

每天放学，几乎一到家你就开始写作业，可是有时候直到睡觉，还没做完，而别的同学总能很快完成。这时，你可以做两个自我"检测"。

检测一：是否提前做好学习计划

家庭作业往往会分几个科目，如果上来就一股脑儿地写，很可能会手忙脚乱。最好提前做好计划，比如安排好顺序，把难题标记出来最后完成，等等。

检测二：学习的过程中是否足够专注

很多时候写作业慢，不是因为作业多或者不会，而是不够专注，一会儿做这个，一会儿干那个，导致学习的时间一再延长，只要发现并改掉这个习惯就好了。

声声入耳,事事关心

成绩不等于见识,学习不能只靠读书

风声、雨声、读书声,声声入耳[①];家事、国事、天下事,事事关心。

——明·顾宪成《名联谈趣》

▶▶ 注释

① 入耳:听进去,关注。

▶▶ 译文

风声、雨声、读书声,声声都听进耳朵。家事、国事、天下事,件件事都看在眼里,记在心上。

走出去学知识的顾炎武

顾炎武是明末清初的思想家、学者。很小的时候，他被过继给了堂伯。堂伯过世后，养母带着顾炎武靠纺织度日。尽管家境贫寒，养母却很重视顾炎武的学习。没有钱进入私塾，养母就自己教顾炎武。每天晚上，养母都会带着顾炎武一起读书、学习，一年三百六十五天，除了生病，从不间断。

有一年，顾炎武得了一场大病，差点儿丢了性命。在养母的精心照料下，他最终转危为安，但自此变得体弱多病。尽管如此，养母并没有放松顾炎武的学习，不断鼓励他要勤学苦读。顾炎武也没有辜负养母的苦心，读书非常刻苦。开蒙之后，他便开始读史书、文学名著。

顾炎武知道，读书做学问是件老老实实的事，必须认真对待。他给自己定了目标，每天都有读书计划，不读完不睡觉。不仅如此，顾炎武还有个记笔记的好习惯。每天读完规定的内容，他都要记下心得体会。这些笔记在很多年以后，被他整理成一本书，就是著名的《日知录》。

顾炎武把全部心力用到读书上面，令养母很是欣慰。不过养母觉得，学习知识仅仅靠读书还不够，于是，她对顾炎武说："现在你虽然读了不少书，但古人云：纸上得来终觉浅，绝知此事要躬行。你得去外面走走看看，开阔眼界，也关心一下天下大事，才能真正学以致用。"

顾炎武应声道："母亲言之有理。从明天开始，儿子就走出去长长见识。"

就这样，顾炎武告别养母，离开了家。他走一路看一路，通过实地考察和向当地民众请教，发现了很多与书本上有出入的地方，不仅丰富了他的见识，也强化了知识。

茶馆，是最能了解民情的地方，顾炎武经常坐在茶馆的角落里，听茶客天南地北地聊。不论什么话题，顾炎武都爱听。大部分时候，顾炎武只是默默地听，认真地记录。有时候，实在意犹未尽，顾炎武便请人家喝茶，让人家继续讲下去，讲更多内容。

就这样，经过了很长一段时间的实地考察、了解，顾炎武先后写出很多著作，如《营平二州史事》《昌平山水记》《山东考古录》《京东考古录》等，都是实地考察和书本知识相互参证、认真分析研究以后写成的。

你的学习成绩很好，却老加入不了同学的话题，怎么办？

你学习特别用功，也很爱看书，可是同学们天南海北地聊天时，你总是加入不进去，也听不太懂。这时，你需要做两个"反思"。

反思一：你看的书是不是比较单一

知识从来不是单一的，阅读确实能够带来丰富的知识，但前提是，不要只看一类书籍，也不要只看有利于学习的书，要各种书都看看，才能让知识更丰富。

反思二：除了看书，是否有其他方式提升自我

除了看书，你还应该多关注其他方面的信息，比如看看电视新闻、专题片，出去旅游等，通过多种途径、多种方式开阔视野，达到提升自我的目的。

学而不知道，与不学同

深入掌握知识，并学以致用

生而不知①学，与不生同；学而不知道②，与不学同；知而不能行③，与不知同。

——宋·黄晞《聱隅子·生学篇》

>> 注释

① 知：知道，明白。
② 道：道理。
③ 行：运用。

>> 译文

人生在世，如果不知道学习，就如同没有出生一样；学习知识却不能从中明白一些道理，这和没学习一样；明白道理却不能运用，这和没明白是一样的。

纸上谈兵的赵括

战国时期赵国名将赵奢有个儿子,名叫赵括。赵括从小就爱听父亲讲带兵打仗的故事,听得热血沸腾,立志长大也要当一名将军,像父亲一样保家卫国。

赵括读了很多兵书,也学了很多兵法。赵奢起初很高兴,常常列举自己带兵打仗的事例,和赵括一起分析用兵之道。有时候赵括的战术,连赵奢都无法破解,喜得赵奢连连竖大拇指夸道:"孺子可教。"赵括更是得意。

渐渐地,赵奢不再夸赞赵括的军事才能,也不和他讨论打仗的事了。赵括的母亲很奇怪,问:"你不是觉得儿子很有天赋吗?现在怎么不教他了?"

赵奢叹气道:"打仗可不是儿戏,是你死我活的拼杀,每次对垒都是以命相搏的,但是赵括把它说得轻描淡写,就像儿戏一般。如果有一天赵括当了将军,让他带兵打仗,那么一定会毁掉赵国军队的。"

几年后,秦国攻打赵国长平,此时赵奢已经去世,而赵王中了秦国的离间计,罢免了老将廉颇,使得赵国陷入无将可用的境地。

接着,秦国又派人到赵国散布谣言说:秦军最害怕赵奢的儿子赵括将军。赵王早就听说过赵括的军事才能,信以为真,当即下令任命赵括为大将军。

赵括的母亲得知消息,上书给赵王说:"赵括不可以做将军。"赵王没有理会,仍坚持任命赵括。

于是,年轻的赵括代替廉颇担任抗秦大将。为了彰显自己的军事才能,他一到军队,就对内部进行了大刀阔斧的改革,打破了之前廉颇所做的所有部署,重新排兵布阵。

秦将白起一直苦恼于廉颇的布防,无论白起如何挑衅,廉颇就是死守不出,使得秦军迟迟无法跟进。得知廉颇被撤职,赵括又彻底放弃了廉颇的战术,白起大喜过望:"哈哈,果然是天助我也。"

白起先派出一小支部队,引诱赵括在长平(今山西高平西北)主动引兵

出击。结果赵军刚出击就被秦军包围,虽然多次组织突围,但均以失败告终。秦军又切断了赵军粮道,没了粮草的赵军军心大乱。在被围四十六天后,赵括在突围时失踪,是战死还是潜逃,一直没有定论。最终,四十余万赵军全部被白起坑杀。

你明明看了菜谱,饭却做得一塌糊涂,怎么办?

你很喜欢看菜谱,趁放假的时候想帮爸妈做一顿饭,结果却做得一塌糊涂,根本没办法吃,你怀疑菜谱有问题。这时,你需要调整一下心态。

体会理论与实践的差距

理论上的东西,无论是来源于书本还是视频,与每个人的实际生活都存在一定差距,很少有人能通过照搬照抄就成功的,需要不断付诸实践才行。

找到适合自己的最佳方式

实践的失败并不代表理论是错误的,很多时候是因为理论与你的实际情况,比如火候的大小、锅的薄厚等有一定差异。这时,你需要通过实践,找到真正适合自己的方式,才能取得成功。

举一隅而以三隅反

学习要融会贯通，灵活运用

举一隅①不以三隅反，则不复②也。

——《论语》

▶▶ 注释

①隅（yú）：角落，方面。

②复：再。

▶▶ 译文

如果教给他一个方面，他不能由此想到另外三个方面，就不要用同一种方法重复教他了。

郑板桥的书法

清朝"扬州八怪"之一郑燮,字板桥。他自幼酷爱书法,为了练好书法,他把各朝著名法家的字帖一遍遍、一本本地临摹出来。

经过一番苦练,郑板桥写得几乎和那些书法家的字一模一样了。对此,他很得意,不过大家对他的字似乎不怎么欣赏。

"难道是我的字还不够好?"郑板桥心中暗暗着急,比以前练得更加刻苦了。

夏天的晚上,屋子里暑热难耐,妻子用井水把院子的地面打湿,整个院子顿时清凉起来。妻子一边摇着蒲扇,一边朝在书房里练字的郑板桥喊:"院子里凉快,别写了,快出来待会儿吧。"

此时的郑板桥早已大汗淋漓,本来还想坚持下去,却看到汗水已经把宣纸弄湿了,写出来的字也变得模模糊糊的。没办法,他只好放下笔,到院子里和妻子一起乘凉。但是他的心里一直想着刚刚练习的字帖,不停地琢磨着字帖里的一撇一捺的写法。他一边琢磨着,一边不由自主地用手比画着。

"哎哎哎,你别在我身上比画来比画去的。你有你的身体,我有我的身体,为什么不写在你自己的身体上,要写别人的?"突然,妻子的声音打断了郑板桥的思绪。

他回神一看,原来自己太专注了,比画来比画去竟然比画到了妻子的背上。他完全没顾上跟妻子道歉,反复想着妻子说的那句话:"为什么不写在你自己的身体上,要写别人的?"

想着想着,郑板桥猛然醒悟过来:对呀,我为什么老是模仿别人的字,不好好创新,写属于自己的字呢?想到这里,郑板桥哪里还有心情乘凉,一头扎进书房,抓紧练字去了。

自此之后,郑板桥不再简单地临摹前人的字帖,而是在他们的基础上进行了一番创新。当写出第一个独具风格的字时,他拿着字帖,问妻子:"你

觉得这个字怎么样？"

妻子很认真地看了看，然后说："我觉得这个字有点儿像前几天写的那个字，又不完全像，总之很不一样，我觉得很好。"

妻子说不出大道理，但是郑板桥听懂了，他在现有的基础上又进行了更多的创新。经过反复琢磨，他取各家之长，以隶书与篆、草、行、楷相杂，用作画的方法写字，终于创造出独特的"六分半书"，也就是人们常说的"乱石铺街体"。郑板桥也因此成为清代具有独特风格的著名书画家。

有道题你明明会，可一变化就做错，怎么办？

有道数学题你做过好几遍了，思路全都在脑子里，可是，老师稍微变化一下题干，你就做错了。这时，你需要两个学习方法。

方法一：多总结不同题型变形的规律

你可以搜集一些涉及变形的题型，然后分析这类题型可变化的规律和特点，然后获得不同的解法和答案，做得多了，再遇到就不至于手忙脚乱。

方法二：自己设计不同的变形

你平时在做题的时候，每做一道题都可以试着自己设计一下变形，比如把除数变成商，把被除数变成积，或者增加数量等，从而达到举一反三的效果。

自其外者学之，而得于内者，谓之明

要想办法把学到的知识变成自己的

自其外者①学之，而得于内者，谓②之明；自其内者得之，而兼于③外者，谓之诚。诚与明一也。

——清·曾国藩《曾国藩家书》

▶▶ 注释

① 外者：别人总结的知识。
② 谓：称谓，叫作。
③ 兼于：同时，兼得。

▶▶ 译文

能够将外界学来的知识转化成自己的，叫作"明"。能够把自己领悟的道理，又同时表现于外在，叫作"诚"。"诚"和"明"是和谐统一的。

抬头数星星的人

祖冲之是南北朝时期著名的科学家,在天文、数学、机械等领域都获得了很高的成就。他是世界上第一个把圆周率计算到小数点后七位的人,人们为了纪念他,把月球背面一座环形山命名为"祖冲之山"。

祖冲之的祖父是一名负责建筑工程的官员,他非常注重对祖冲之的培养。在祖冲之十几岁的时候,祖父带着他去拜见著名天文学家何承天,并让祖冲之拜何承天为师。

"你喜欢天上的星星和月亮吗?"何承天问祖冲之。

"喜欢。"祖冲之回答,"我最喜欢在没有月亮的晚上数天上的星星,太多了,数也数不清。"听了祖冲之的回答,何承天哈哈大笑。

临走前,祖冲之提了一个请求:"先生,您能教我一个天文小知识吗?晚上我就去观察。"

见祖冲之如此好学,何承天打心眼里喜欢。就这样,在何承天的悉心指导下,祖冲之掌握了很多天文知识。

有一年,祖冲之查了当时的历法,知道九月初一这天会有一次日食。他一直盼着这一天到来,以便观察日食。谁知,在八月二十九这天,突然出现了日食。祖冲之感到很奇怪,怎么提前了?他根据老师教的方法仔细算了算,果然是历法出错了。

这件事使祖冲之对历法的准确性产生了怀疑。于是,他开始关注历法的记载,并与实际天象进行比较。几年后,祖冲之得出结论:历法里存在很多错误。他决心编一部更准确的历法。

旧历法是祖冲之的老师何承天花了四十一年时间编成的《元嘉历》,祖冲之打算重修历法的时候,何承天刚去世不久。有人觉得祖冲之的行为是对老师的不尊重与亵渎。

祖冲之说:"尊重老师不仅仅是尊重他本人,还要尊重他给予我的知识。

我相信，老师如果知道我将他传授给我的知识进一步发扬光大，一定会支持我的。"

从决定重修历法的那一刻起，祖冲之就开始忙碌起来。他在本职工作之余，每天坚持观察天象，收集相关资料。那时候，珠算还没有出现，计算工具是一种叫"筹"的小棍，祖冲之遇到复杂的计算时，常常把筹摆得满地都是。

经过十年坚持不懈的观察和计算，祖冲之终于编成了一部更准确的历法——《大明历》。

 参照字帖字写得很好，可一离开字帖就写不好，怎么办？

为了练好字，妈妈给你买了很多字帖，你参照字帖时能把字写得很好，可一离开字帖，字就写得歪歪扭扭的。这时，你需要两个"拆分"。

将字帖的字进行拆分

参考字帖并不是简单地照着抄，还应该学会拆分思考，比如横折钩怎么写，第一笔写在哪个位置，确定好每一笔画的特点和位置，才能掌握字帖的精髓。

将自己写的字进行拆分

仔细观察自己写的字，看看是笔画写得不标准，还是笔画的位置不对，然后有针对性地进行调整、改进。你未必要写得跟字帖一样，写出自己的特点最重要。

规模远大与综理密微，二者阙一不可

要想获得成功，小事也要认真去做

古之成^①大事者，规模^②远大与综理^③密微^④，二者阙一不可。

——清·曾国藩《曾国藩家书》

▶▶ **注释**

① 成：成就。

② 规模：规划。

③ 综理：管理，整理。

④ 密微：细小，微小。

▶▶ **译文**

自古以来，能办成大事的人，规划长远的发展方向和思虑缜密地落实细节，二者缺一不可。

扫院子和扫天下

东汉时期，有个叫陈蕃的人，从小就胸怀大志，立志要为国效力。为了实现这个远大的目标，他读书非常刻苦，小小年纪就满腹经纶，连很多大人都自叹弗如。

有一天，陈蕃父亲的老朋友薛勤前来拜访。薛勤敲了好久院门，才听到院子里有人应答："来啦，来啦。"紧接着便是一阵挪东西的声音，之后院门才被打开。

开门的正是陈蕃。他跟薛勤很熟悉，见到来人是薛勤，热情地招呼道："薛叔，是您哪！快请进。"说着，就带着薛勤往院子里走。

这个院子是陈蕃独居的，他的父母没有和他同住。薛勤刚跨进院子，就皱起了眉头："贤侄，这是什么味儿，这么难闻？"

陈蕃不好意思地挠挠头："嘿嘿，我一直只顾着读书，院子里的落叶枯枝没有及时清理，有点儿腐烂了。"

薛勤刚走几步，就被一根树枝绊了一下。陈蕃赶紧把树枝捡起来丢到一边："您慢点儿！我刚刚开门的时候弄了弄，还没弄干净呢。"

院子里真是乱啊，满地的烂树叶，还有一丛丛杂草，耳边不时飞过嗡嗡叫的苍蝇，甚至还有一只老鼠听见动静，从墙角的一个洞里逃走了。

薛勤的眉头紧皱着，边用手赶苍蝇，边快步走进陈蕃的书房。书房里的情况也没好到哪里去：书桌上乱七八糟地堆着书，地上也到处是书，还混杂着一些垃圾。人走进去，根本没处下脚。书房里摆着两把椅子，一把椅子估计是陈蕃平时坐的，倒是干净的。而另一把椅子上堆满了书。

薛勤站在书桌旁，忍不住批评道："贤侄啊，难怪你要搬出来独住，应该是你太懒了，怕父母骂你吧？你看，你连院子、屋子都不打扫一下，客人来了，你怎么招待呢？"

陈蕃回答："大丈夫处世，当以扫天下为己任，小小的屋子没必要扫！"

薛勤当即反问道:"一屋不扫,何以扫天下?"

陈蕃顿时无话可说。这时,薛勤语重心长地说:"贤侄啊,有远大的抱负固然很好,但是如何实现这远大的抱负,还要从小事一点点做起啊。如果你连一个小小的院子的事都处理不好,将来怎么去处理更大的国家的事呢?"

陈蕃深受触动,感激地说道:"多谢叔叔教诲,侄子明白了。"

从此,陈蕃开始从身边小事做起,同时更加刻苦读书,最终成为一代名臣。

因为不重视"小科"成绩,影响了你评"三好",怎么办?

你觉得劳动课没什么用,所以从不认真听讲,期末勉强得了一个良,但其他科成绩都是优秀,结果没被评上"三好"。这时,你需要端正两个"认识"。

认识一:学习没有重要不重要之分

无论是数学、语文、英语,还是劳动、美术、音乐,虽然有主副科之分,但那是以考试为标准的,从学习的角度,并无重要和不重要之分,你要端正好态度,认真对待。

认识二:学习的目标并不仅仅是成绩

每门课程的设定都是对你某方面能力的培养,比如劳动课是对动手、审美等能力的培养,这会在潜移默化中影响你的一生。

一字值千金

不要小瞧一两个字的小错误

读书须用意①,一字值千金②。

——《增广贤文》

>> 注释

①用意:用心钻研。
②千金:形容很有价值。

>> 译文

读书要用心去体会,不能囫囵吞枣,书中的每一个字都价值千金。

"推敲"的由来

唐代诗人贾岛不仅喜欢写诗,对诗的要求也极高,每个字都会认真地反复琢磨,因此还获得了"诗奴"的称号。

一天,贾岛去拜访好朋友李凝。李凝的家在长安城郊外,贾岛骑着小毛驴出发了。他边走边欣赏风景,一有灵感,就立刻记下来。

就这么走走停停,等到李凝家的时候,已是月上柳梢头。老友相见,分外高兴,一直畅谈了很久。贾岛诗意大发,当即吟了一首:

题李凝幽居

闲居少邻并，草径入荒园。

鸟宿池边树，僧推月下门。

过桥分野色，移石动云根。

暂去还来此，幽期不负言。

第二天，贾岛在回长安的路上，不由得回想起昨夜作的诗，总觉得"鸟宿池边树，僧推月下门"中的"推"好像不是很妥帖，也许用"敲"更好，但"敲"的动作又较之"推"弱了一些。

到底是用"敲"还是"推"好呢？贾岛骑着驴边往回走，边用手比画着推和敲的动作，全然忘记了去管驴走的方向。

"站住，干什么的？"贾岛是在一声呵斥中回过神来的。他抬头一看，才发现小毛驴闯进了新任京兆尹韩愈随行人员的队伍里，此时侍卫正抓着它的缰绳。

贾岛吓坏了，赶紧跳下毛驴请求宽恕："大人，请见谅，小人实在是无意冒犯啊！"

韩愈闻声从轿子里走出来，看见眼前跪着一个背着布袋的小和尚，问道："这是怎么回事？"

贾岛早听闻韩愈大名，当即直言相告。韩愈一听，也来了兴致，说道："推的话，晚上都关门了，应该推不开。"

"但是不推一下，怎么知道推不开呢？"贾岛反问道。

"不管怎样,我觉得用'敲'更好,一来显示礼貌,二来敲门有声响,静中有动,岂不是更活泼?"

就这样,韩愈和贾岛站在路边一边比画,一边讨论哪个字更合适。最后,两人达成一致,用"敲"。

自此,"推敲"的故事成为脍炙人口的佳话。

课文你只背错一个字,妈妈就要求重背两遍,怎么办?

语文书中的一篇课文要求背诵,你背了半天只错了一个字。你觉得自己已经很棒了,妈妈却要求你再背两遍,你觉得很委屈。这时,你需要两个清醒的"认识"。

认识一:学习态度比学习本身更重要

学习最重要的是良好的学习态度,要对每一个字、每一句话都认真学习,不能马马虎虎靠蒙混过关,这样才能更好地掌握知识,并达到学习的效果。

认识二:小错不改,可能会铸成大错

背错的一个字,在考试的时候就是一分或两分。而在重要的考试中,这一两分之差会起到决定命运的作用。因此,从源头扼杀小错误,才能避免大错误的发生。

厚积而薄发

知识储备越充实越好

博①观而约②取,厚积③而薄发④。

——宋·苏轼《稼说送张琥》

▶▶ 注释

① 博:广泛。
② 约:节约。
③ 厚积:指大量地、充分地积蓄。
④ 薄发:指少量地、慢慢地释放。

▶▶ 译文

要大量地充分学习各种知识,然后吸收其精华。积累知识的时候越多越好,使用的时候越精当越好。

以父亲为榜样的王献之

王羲之是东晋时期的著名书法家,有"书圣"之称。王羲之有个儿子叫王献之,他从小就喜欢趴在书桌旁看父亲写字。在父亲的熏陶和教导下,王献之小小年纪就对书法产生了浓厚的兴趣,并展现出惊人的天赋。

王献之七岁生日的时候,王羲之专门制作了一支毛笔,作为生日礼物,并对儿子说:"从今天开始,这支笔就属于你了。为父知道你喜欢书法,但也希望你知道,练书法是很辛苦的,可不是一朝一夕就能练好的。"

"父亲,您放心,我不怕辛苦,一定会坚持练书法的。"王献之接过毛笔,认真地说道。

王献之说到做到,果然每天都坚持练习书法。有一天,王羲之走进书房,看到王献之正在专心练习书法,连他进来都没抬头看一眼。王羲之悄悄走到王献之背后,伸手快速抽他手中的笔,结果竟然没抽出来。

王献之回头问父亲:"您为什么抽我的笔?"

王羲之笑笑不说话,心中暗暗高兴:这孩子将来必成大器。

坚持练了几年书法后,王献之觉得自己的书法已经很好了,于是跑去问父亲:"以我现在的书法水平,是不是只要再练三年,就可以达到您的水平了?"

王羲之只是微微一笑,并没有回答,在一旁的母亲摇着头说:"还差很远呢。"

王献之缠着父亲问:"那怎样练,才能达到您的水平呢?"

王羲之指着院子里的一排大缸说:"只要你把这十八口大缸里面的水全部用来磨墨,并使用完,你的字就练得差不多了。"

王献之听了父亲的教诲,又开始夜以继日地练习书法,这一练就是五年。

一天,他带着自己的书法作品去给父亲看,王羲之看完点点头,说道:"不错!"说着,王羲之拿起毛笔在一个"大"字下面加了一点,变成了"太"字。

王献之觉得父亲可能是心情好的缘故,也没太在意。想到父亲的夸赞,

王献之不免有些得意，又拿着作品去找母亲炫耀。母亲看了看儿子的书法作品，指着那个被改后的"太"字的一点，笑着说："儿啊，你练了这么久，这一点最像你父亲的字了。"

唉，那一点，就是父亲刚才加上去的呀。

王献之感到十分羞愧，从此更加勤奋地练习书法。多年后，王献之终于与父亲并称为"二王"，成为大家公认的书法大家。

你觉得课本内容够丰富了，妈妈却让你看课外书，怎么办？

你觉得在学校学那么多内容已经很丰富了，没必要再看其他书。可妈妈觉得课外书很重要，非让你看。这时，你需要了解两个"需求"。

考试的需求

随着年级的升高，考试的内容也会越来越难，如果你仔细观察，就会发现涉及很多课本之外的内容，尤其是阅读理解和作文，只靠课本知识是很难拿到高分的。

生活的需求

如果你具有丰富的阅读量，在和别人交流的时候就可以自由地表达。大量的阅读，在生活中也会让你受益颇多。

非学无以广才

学习可以提升自我

夫学须静也，才须学也，非学无以广才①，非志无以成②学。

——三国·诸葛亮《诫子书》

▶▶ 注释

① 广才：增长才干。
② 成：达成，成就。

▶▶ 译文

学习必须静心专一，而才干来自勤奋学习。不学习就不能增长才干，没有志向在学习上就不可能有所成就。

令人刮目相看的吕蒙

　　三国时期，东吴有位大将，名叫吕蒙。他没上过什么学，整天就喜欢舞枪弄棒。每天，天刚蒙蒙亮，就能听到他"嘿哈——嘿哈——"的练武声，也因此，吕蒙的武功在整个东吴都是很厉害的。但是，只要一看书，吕蒙就显得无精打采，没一会儿呼噜声就响起来了。

　　有一天早晨，孙权早起出门散步时，看见吕蒙正在练武。见吕蒙练得大汗淋漓，也不停下来，孙权忍不住说道："如今你身居要职，掌管国事，应当多读书，使自己不断进步，别整天就知道练武。"

　　吕蒙摸摸后脑勺，嘿嘿一笑："军营中要处理的事务太多了，我哪有工夫看书啊？"

　　孙权严肃地说："那你说说看，我和你比，是我忙还是你忙？我每天都坚持看书。再说，我只不过叫你多看点儿书，了解了解历史，增长些见识罢了，又不是让你去钻研一门学问。"

　　吕蒙听后很惭愧，当天晚上，他就吩咐随从找一本书来。随从惊讶地看着吕蒙，以为自己听错了，愣在那里没动。

　　"我让你给我拿书过来，没听见吗？"吕蒙有点儿生气了。

　　"哦，马上，马上！"随从连忙答应。只是他站在书架前，不知道拿哪本好，便问："将军，您想看什么书？"

　　"算了，还是我自己找吧！"吕蒙边说边来到书架前，选了一本史书。

　　吕蒙让随从坐在自己身旁，吩咐道："要是我睡着了，你务必叫醒我。"

　　然而，让随从意外的是，吕蒙这一次看书看得格外认真，虽然刚开始会忍不住打哈欠，但几个时辰下来，竟然没睡着。

　　接下来的日子里，吕蒙依旧每天一早起来练武，然后每天睡觉前，都会读上一两个时辰的书，而且再也没有在看书时睡着过。

　　过了一段时间，鲁肃来看望吕蒙，好友相见，格外亲热。吕蒙吩咐厨师

做几样小菜，他们要开怀畅饮一番。

热菜上桌，美酒斟满，吕蒙和鲁肃开始天南海北地聊天。以前聊天的时候，基本都是鲁肃说，吕蒙听，而且明显看得出来，好多事情吕蒙都是一知半解的样子。而这一次，鲁肃惊讶地发现，吕蒙侃侃而谈，博古通今，还非常有见解。

酒过三巡，鲁肃举杯向吕蒙敬酒，说道："兄弟，真是士别三日当刮目相看啊。和上次见面相比，你的变化太大了。"

吕蒙也举起了酒杯，说："哈哈，这都要感谢主公，是他让我坚持看书的。没想到，看书真的能增长人的见识和才干啊！"

你想当足球明星，觉得踢好球就够了，不想学习怎么办？

你喜欢踢足球，梦想长大当一名足球明星，所以你每天都积极练球、踢球。可是，妈妈非让你好好读书。这时，你需要有两个正确的"认识"。

认识一：足球明星也要有足够的知识

足球明星在踢好球之余，也要不断地丰富自己的知识。因为他们需要与很多人接触，比如要出国踢球、要参加各类节目，必须有足够的知识才能应对自如。

认识二：每个人不止需要一种能力

我们要有所专长，以获得相应的成就。但只有专业能力并不够，还要有多种能力，比如与人交往的能力、解决日常问题的能力，这些都是通过各种学习获得的。

黑发不知勤学早，白首方悔读书迟

读书越早越好

三更①灯火五更鸡②，正是男儿读书时。黑发③不知勤学早，白首④方⑤悔读书迟。

——唐·颜真卿《劝学诗》

▶▶ **注释**

① 三更：指晚上十一点到凌晨一点。
② 五更鸡：天快亮时，鸡啼叫。
③ 黑发：指少年时代。
④ 白首：头发白了，指老年。
⑤ 方：才。

▶▶ **译文**

每天三更时灯还亮着，鸡啼叫的时候又起床了，这正是男儿读书的最好时间。如果少年时代不能发愤学习，等到老了就会后悔莫及。

书桌上的"早"字

鲁迅是我国著名的文学家、思想家和革命家。他出身于浙江绍兴城内一个破落的士大夫家庭。他家附近有个著名的私塾——三味书屋,先生寿镜吾的为人和治学精神一直为鲁迅所敬佩。

鲁迅十一岁的时候,正式进入三味书屋学习。鲁迅很珍惜和寿镜吾先生学习的机会,平日里听课、学习都格外认真,从不请假,也从不迟到。

然而没多久,鲁迅家里突发变故。为了维持生计,作为家里的长子,鲁迅不仅要想办法干活贴补家用,还要照顾卧病在床的父亲。

一天早上,父亲病情加重,鲁迅赶紧去请医生。等医生开好方子,鲁迅又跑去药店抓药。服侍父亲吃完药,母亲对鲁迅说:"今天别去学堂了吧。"

鲁迅有点儿犹豫,然后问母亲:"如果我不在家,您一个人能够照顾得了父亲吗?"

母亲心疼地看着鲁迅:"当然可以,我只是担心你太累了。"

鲁迅一听,顿时放下心来,二话不说,抓起书包就往学堂跑去。不过,他还是迟到了。一推开教室的门,他就看到同学们坐得整整齐齐,正在大声朗读。

寿镜吾先生不仅治学严谨,而且对学生要求非常严格。看到迟到的鲁迅,他严厉地说道:"十几岁的学生还睡懒觉上课迟到,下次再迟到就别来了。"

鲁迅惭愧地低下头,什么也没说,默默地回到自己的座位。下课的时候,他用小刀在桌子上认认真真地刻了一个"早"字,同时在心里暗暗下决心:以后一定要早起,安排好家里的事情,不能再迟到了。

同桌好奇地看着他刻字,问道:"你今天怎么起得这么晚?"

"不是的,早上我父亲发病了,我去请医生还抓了药,才来晚了。"

"那你怎么不和先生解释呢?那样就不至于被先生批评了。实在不行,你也可以请假啊。"

鲁迅认真地说:"先生批评得对,不管任何时候,都应该提前安排好自己的时间,不能迟到。我不想请假,请假就学不到当天的知识了。"

同桌由衷地说道:"你真的让我佩服,要是我家里有那么多事,我肯定不来上学了。来,我先把刚刚你没听到的内容给你讲讲。"

鲁迅连忙拿出书本,认真地记录起来。

从这天开始,每天天不亮鲁迅就起床,即便家里的事再多、再忙,他都没再迟到,还把家里打理得井井有条。

你觉得早起太辛苦,不想参加晨读,怎么办?

为了参加学校的晨读,每天都得早起,你觉得太辛苦了,想跟老师申请不参加晨读。这时,你需要给自己做两块"早"字警醒牌。

贴在床头,警醒自己早起读书

一日之计在于晨,早晨是人们记忆力最好、思维最活跃的时候,充分利用这段时间读书、学习,会达到事半功倍的效果。千万别为了睡懒觉,浪费大好时光。

贴在书桌前,警醒自己读书要趁早

人的年纪越小,记忆力越好,同时学习能力和接受能力也是最强的,所以要趁这个时候尽可能多地读书、学习,才是最佳的选择。

做到老，学到老

只要肯学习，什么时候都不晚

做到老，学到老，此心①自光明正大，过②人远③矣。

——明·姚舜牧《姚氏家训》

▶▶ 注释

① 心：内心。
② 过：超过。
③ 远：很远。

▶▶ 译文

做事一定做到老，学习也要学到老，这样内心自然光明正大，远远超过他人。

师旷论学

春秋时期,晋国的晋平公是一位非常有作为的国君,在他的治理下,百姓安居乐业,国家实力也很强大。虽然政务繁忙,但一有空,晋平公就会静下心来读书、学习。

晋平公七十岁的时候,因为记忆力变差,感觉学习越来越困难,经常看完就忘,反反复复也记不住多少东西。他无奈地放下书,叹息道:"真想继续读书啊,总觉得自己的知识不够用。可是现在学习真的太困难了,真不知道还要不要继续学下去。"晋平公想了想,决定去找师旷聊聊。

师旷天生失明,却凭借惊人的毅力成为一名博学多才的琴师。师旷虽然眼睛看不见,但对事物的看法比那些眼睛明亮的人更加深刻。

晋平公平时就喜欢找师旷聊天。这天,他又来找师旷,问:"你看,寡人都七十岁了,年纪不小了,但寡人还希望再读些书,长些学问,但又没有信心。现在学习是不是太晚了呀?"

师旷笑着说:"既然太晚了,就点烛灯吧!"

晋平公以为师旷没听懂他的话,说:"寡人说年纪大了再学习是不是晚了,你说点烛灯是在戏弄寡人吗?"

师旷连忙站起来道歉:"主君,您误会了,我怎么敢随便戏弄您呢?我是在认真地跟您谈学习的事呢。"

晋平公说:"此话怎么讲?烛灯跟学习有什么关系呢?"

师旷说:"人的一生就像日出日落。少年时代,脑子清晰,记忆力好,就好比早晨的阳光,学习自然印象清晰且深刻。到了中年,学习力强,记忆力也不错,就好比中午的阳光,最强烈、最炽热,学习也更扎实、深刻。人到老年,体力下降,记忆力也不好了,就像日薄西山,太阳的光和热已经很微弱,学习也仿佛陷入了黑暗一样。这时,我们可以借助烛灯。烛灯虽然比不了太阳,但总比在黑暗中摸索强吧!也就是说,虽然年纪大了,今天学了

明天忘，但是只要坚持不懈，或多或少总能记住一些，肯定比什么也不学强。而这学到的一点点就相当于烛灯的光，虽然微弱，却是一片光亮。所以，我真的没有戏弄您啊。"

晋平公听完，恍然大悟，高兴地说："你说得太好了，的确如此！寡人有信心了！我要去点烛灯了，要继续学习。"

你今年才开始学编程，担心学得太晚，怎么办？

你的同学早在幼儿园时期就开始学编程了，已经考了好几级。而你今年三年级了，才开始学，总担心学得太晚了。这时，你需要有两个清醒的"认识"。

认识一：学习什么时候都不晚

学习是一辈子的事情，哪怕是成年人离开了学校，也要在社会中学习很多东西。所以只要肯学习，就没有太晚一说，顶多是晚起步而已。

认识二：学习贵在坚持

学习不能过于随意，今天学这个，明天学那个，要认真地选择自己想要学习的东西，然后坚持下去，这样的学习才有意义。

匹夫不可夺志也

坚定自己的志向,不轻易受外界影响

三军^①可夺^②帅也,匹夫^③不可夺志也。

——《论语》

▶▶ 注释

① 三军:古代大国通常设有三军,每军一万二千五百人。
② 夺:更换,改变。
③ 匹夫:男子汉,泛指普通老百姓。

▶▶ 译文

三军的统帅可以更换,但人的志向不可以强行让其改变。

用生命践行使命的司马迁

夜,已经很深了,司马迁依旧坐在书房里奋笔疾书。书房里,堆满了几十年来收集的资料和已经写完的一部分书稿。

估计是写得太累了,司马迁不得不站起来,活动活动筋骨。他的视线无意中落到一本泛黄的资料上,顿时,一阵心酸涌上心头。这本资料是父亲留给他的。

司马迁出生在黄河岸边的龙门。父亲司马谈是汉朝专门负责编写史书的官员,他一直想要写一部贯通古今的史书。司马迁从小受父亲的影响,也非常喜欢研究历史。在司马谈收集整理资料的时候,司马迁帮了不少忙。

司马迁二十岁那年，父亲找他谈话："儿啊，你也成人了，我写的史书，目前大部分资料还是从历代史书中收集的，可能不太精准，也不够全面。我希望你到各地去游历，到当地百姓中间去收集资料，这样可以让史书的内容更真实可靠。"

在父亲的鼓励下，司马迁放弃长安舒适的生活，开始了漫游祖国名山大川的艰苦历程。尽管历经重重困难，但司马迁从未想过放弃，最终带回了大量重要的历史资料。

司马谈临终时，拉着司马迁的手，流着眼泪说："我死了以后，你一定要接着做太史。这部史书耗费了我毕生的心血，也是我一生的追求，你一定要替我完成啊，千万不要放弃！"

这番嘱托极大地震动了司马迁，他感受到父亲作为一名史学家的使命感和责任感。司马迁悲痛而坚定地说道："父亲，您尽管放心，儿子我虽然没

有什么才能,但一定完成您的志愿。"

　　司马谈去世后,司马迁做了太史令,他多年如一日,绞尽脑汁,费尽心血,几乎天天都沉浸在整理和考证史料的工作中。

　　正当司马迁专心致志编著史书的时候,一场飞来横祸降临他的头上。司马迁因为替败军之将李陵辩护,令汉武帝大怒,最终被处以酷刑。

　　出狱以后,司马迁痛不欲生,想一死了之。但想到父亲的遗愿,再看那一堆堆自己耗费无数心血搜集来的资料,他忍不住痛哭起来。心情平复之后,司马迁忍下所有的屈辱和痛苦,再一次投身到史书的编撰中。他不断告诉自己:"没有什么困难可以打败我,我一定可以做到!"

　　正是心中秉持着这份信念,司马迁最终完成了这部被誉为"史家之绝唱,无韵之离骚"的伟大著作——《史记》。

你梦想当一名舞蹈家,可大家都嘲笑你跳得不好,怎么办?

　　你很喜欢跳舞,梦想长大当一名舞蹈家。可是身边的人都嘲笑你,说你跳得很差,肯定当不了舞蹈家,你很伤心。这时,你需要两张"鼓励卡"。

鼓励自己坚持理想

　　把一张你喜欢的舞蹈家照片贴到醒目的位置,让他做你的精神导师,每天给自己打气,并坚持下去。

鼓励自己用行动去践行理想

　　在镜子前贴上每天要练习的时间,严格按照时间练习。想放弃的时候就看看舞蹈家的照片,长此以往,就会收到意想不到的效果。

烈士暮年,壮心不已

失败不要气馁,坚持才会胜利

老骥①伏枥②,志在千里。烈士③暮年④,壮心不已⑤。

——三国·曹操《龟虽寿》

注释

① 骥(jì):好马,千里马。
② 枥(lì):马槽,也指马棚。
③ 烈士:积极建立功业的人。
④ 暮年:晚年。
⑤ 已:止。

译文

千里马老了,即使伏在马棚之下,仍向往驰骋千里。有志之士即便到了晚年,他的壮志雄心也不会消沉。

姜太公"钓鱼"

姜太公,姓姜名尚,字子牙,生于商朝末年,是中国历史上享有盛名的政治家和军事家。

年轻时,姜尚以屠牛为生。后来,他又在黄河之滨的孟津做卖酒生意。虽然生活不如意,但他始终没有放弃读书。

其他人在一天忙碌之后,喜欢聚在一起聊天歇息。唯有姜尚,只要有空闲时间,就捧着书简认真地读。那时候的书籍,还是用竹子刻的,姜尚家的书架上堆满了竹简。

邻居们都不理解姜尚为什么如此热爱读书,问他:"你一个卖酒的,整天思考国家之间的战争、国家内部的矛盾,这些和你有关吗?你思考完了,有啥用呢?"

"是没有啥用,但是,只要心中想着国家安危,说不定哪一天就为国家分忧呢。"姜尚淡淡地说。

邻居们听了哈哈大笑,觉得他想多了,治理国家是大臣们的事,跟老百姓无关。

就这么一年年过去了,强大的殷商王朝开始走下坡路。以纣王为首的商朝贵族,骄奢淫逸,欺压百姓,下层民众忍无可忍,反抗不断。此时,西部的周族却开始日益兴盛起来。满腹治世之才的姜尚此时已经七十多岁了,一直没有机会施展抱负,却始终没有放弃希望。得知周国立志兴邦、广招人才,姜尚便来到渭水之滨的西周领地,希望能在周国成就一番轰轰烈烈的事业。

姜尚虽然迫切地希望被重用,但他更想投奔一位明主。自到渭水之滨那天开始,姜尚就每天坐在溪边垂钓,一连几天,都没有任何收获。

有个人因为连续几天都看到姜尚空手而归,忍不住说道:"你用这个大直钩子,又没有鱼饵,怎么可能钓到鱼呢?赶紧换个钩子,放点儿鱼饵吧!"

姜尚笑笑,没有说话,依旧坐在那里垂钓。路人见姜尚不听劝告,摇摇

头走了。

有一天，姜尚又在溪边垂钓，正巧周文王姬昌路过此地。姬昌见须发皆白的姜尚用一根直钩钓鱼，很是好奇，就过去与他攀谈。谈话中，姜尚畅谈天下大势，分析得头头是道，还谈了很多治国策略。姬昌听完，大喜过望："你就是我要找的人啊！请跟我回去，辅佐我成就一番大业吧！"

姜尚也认定姬昌是一位明主，当即答应了姬昌的邀请。姬昌带着姜尚回到周国后，拜他为国师，让他掌管全国的政治、军事。姜尚先后辅佐了文王、武王、成王、康王等四代周王。

连续几次竞选班干部失败，你失去了信心，怎么办？

你很想当班干部，每年都会积极参加竞选，可是一次都没成功过。今年又要开始竞选了，可你对自己失去了信心。这时，你需要给自己打打气。

失败乃成功之母

每次失败其实都说明你存在某些不足，这个时候你要坦诚面对自己的不足，并用心地改正、完善。随着你一天天地自我完善，成功就离你越来越近了。

班干部不是证明自己的唯一方式

班干部实际上只是服务同学的一种形式，还要起到好的带头作用。只要你足够自律，又乐于帮助别人，即便不是班干部，也可以发挥自己的价值。

君子立长志

确定一个梦想，坚定地去实现

君子立^①长志^②，小人常立志。

——《论语》

>> 注释

① 立：树立。
② 志：志向。

>> 译文

　　有出息的正人君子，一旦立下志向，就会长久地坚持下去。而那些没有出息的人，只会不断地改变自己的志向。

常立志的皇甫谧

东汉时期有个叫皇甫谧的人，从小父母去世，一直由叔父、婶母抚养。叔父一家对他视如己出，疼爱有加，再加上叔父家家境富裕，让他养成了好逸恶劳的坏习惯，整天东游西逛，游手好闲。

婶母苦口婆心地劝他，要他好好学习，不能再混日子了。

皇甫谧想了想，说："婶母，我太祖是名将，是带兵打仗的。我也想当一名大将。从明天起，我要开始习武了。"

第二天，皇甫谧真的早早起来练武。婶母高兴坏了，做了皇甫谧最爱吃的点心奖励他。

谁知，练了没几天，皇甫谧就对婶母说："婶母，习武太累了，我虽然是名将之后，但是从小没练过童子功，现在练也来不及了。所以，我还是读书比较好，祖上留下那么多书，够我看的。"

婶母看看眼圈发黑的侄儿，很是心疼，说道："只要你喜欢，婶母就支持你。"

于是，皇甫谧不再早起习武，开始日夜读书。但是读书太无趣了，又很累，皇甫谧经常看着书就睡着了。在隔壁纺纱的婶母听到呼噜声，无奈地摇摇头。

渐渐地，皇甫谧又和从前一样，不再习武，也不读书，整天和一帮朋友到处游荡，不务正业。

一天，皇甫谧和朋友们晃到一片瓜田，也不管是谁家的，摘了就走。回到家，皇甫谧拿着甜瓜，恭恭敬敬地递给婶母："婶母尝尝，可甜了。"

婶母放下手中的纺线，生气地说："你以为拿点儿瓜果回来就算孝敬我了吗？你今年二十岁了，还不务正业，一会儿要学这个，一会儿要学那个，没有一点儿长性，你怎么对得起早逝的父母？"说到伤心处，婶母流下了眼泪。

皇甫谧从未见到婶母这么伤心，深受触动，下定决心改过自新，发愤读书。这一次，他认真地思考了自己的学习方向，最终决定拜学者席坦为师学习医术。为了更好地鞭策自己，皇甫谧离开了舒适的家，在一片稻田旁盖了一间茅草房。白天，他扛着锄头下田劳作，夜晚跟着席坦学医。他最大的心愿是编一本针灸学专著。而这次，他真的没有放弃，一直认真坚持了下来。最终，皇甫谧写出了一部为后世针灸学树立了规范的巨著——《黄帝三部针灸甲乙经》，也称《针灸甲乙经》。

常立志的皇甫谧，一事无成，当他立志要学医，并持之以恒地坚持钻研之后，终于写出了传世巨作。

你有好多个梦想，不知道选哪个，怎么办？

你有好多个梦想，比如想当舞蹈家、宇航员、科学家、画家，可是你不知道哪个梦想适合自己，不知道该朝哪个方向努力才好。这时，你需要给自己两个"机会"。

机会一：大胆尝试的机会

任何事情，如果不去尝试，确实不知道哪个更适合自己，所以最开始的时候，不妨先多方面培养自己的爱好，看看自己到底喜欢哪个，最终确定好目标。

机会二：全心付出努力的机会

一旦确定梦想，就要全心全意地投入，不要轻易被困难所打败。当然，学生阶段最重要的是好好学习，储备足够的知识，才有成功的机会。

非淡泊无以明志

内心淡泊才能更好地实现目标

非淡泊①无以明志②，非宁静③无以致④远。

——三国·诸葛亮《诫子书》

▶▶ 注释

① 淡泊：内心恬淡，不慕名利。
② 明志：明确志向。明，明确，表明。
③ 宁静：这里指集中精神，不分散精力。
④ 致：达到。

▶▶ 译文

如果做不到内心平静、不慕名利，就没有办法明确志向。如果不能排除外来干扰，就没办法实现远大目标。

"无趣"的宋濂

宋濂是元末明初著名的政治家、文学家、史学家、思想家。

宋濂年轻的时候,曾在书院里读书。能够在书院里读书的学生,都不是贫穷人家的孩子,大家又正值青春年少,难免会喜欢比较这个、比较那个。

一个夏日的晚上,吃过晚饭,几个同学相约去后面的小山坡散步,宋濂也在其中。走着走着,吹来一阵微风,一位姓袁的同学身上的淡紫色长衫轻轻地飘了起来。

走在袁生后面的姜生抚了抚自己缀满宝石的帽子,对袁生说:"袁兄这件长衫不错啊,面料看着轻盈又凉爽。"

袁生撩了一下长衫,有点儿得意地说:"是啊,这是家里刚刚送过来的。现在天气热了,稍稍一动就出汗,父母怕我穿太厚的衣服学习的时候会不舒服,所以,特地选了这丝绸材质的面料给我做了长衫。"

"姜生,你的帽子也很漂亮啊。"袁生看见姜生头上的帽子,也不由得夸赞了一句。

其他同学见状,都跟着比较起衣服、鞋帽来。

只有走在最后面的宋濂,似乎没有听到谈话。他手里拿着一本书,不时看上一眼。宋濂身上的长衫不仅有明显的毛边,此时还隐隐地可以看出汗渍,但是他一点儿也不在乎。

宋濂的好友朱生,和宋濂一样衣着朴素,看着同学们穿着绫罗绸缎,不由得有些羡慕。他悄悄问宋濂:"你向家里要钱了吗?我们好像也该买新衣服了。你看,他们的衣服真漂亮。"

宋濂看看自己的长衫,笑道:"为什么要买新衣服啊?我觉得现在挺好的。我们没必要羡慕别人穿得好,专心读书才是最重要的。"

宋濂说到做到,别的同学无论如何攀比,他都一副置身事外的样子,唯有书,每天不离手,比谁看得都多、都认真。

有一天，宋濂正在专心看书时，一个调皮的同学发现他的衣袖破了一个洞，顿时有了恶作剧的想法。他悄悄把手伸进破洞里，把宋濂吓了一跳。宋濂发现是同学的恶作剧，笑了笑，又继续看书了。

同学忍不住说道："真是无趣啊。"

事实上，就是这个"无趣"的宋濂，不被他人所影响，专心读书，终于成了明代"开国文臣之首"。

你的成绩很优秀，却没当上学习委员，怎么办？

你的学习成绩一直很好，还经常受到老师的表扬，不过在竞选学习委员的时候，你却落选了，你很不甘心。这时，你需要两张"静心卡"。

静下心来，理解班干部的意义

当班干部需要辅助老师做很多沟通工作，还要为同学服务，并非学习好就适合当干部。当然，如果你真心想为同学服务，即便不当班干部，也可以做到。

静下心来，确定学习目标

班干部只是学生生涯中一个符号而已，并不能决定什么。所以，你不要把班干部当作学习的目标，而是要树立更远大的目标，比如想想长大后要干什么。